Color amarillo

Páginas 156-205 Aquí se hallan las plantas medicinales con flores de tonos amarillentos. La escala de color incluye también flores de color amarillo claro, casi blanco, así como las que tiran a naranja o verde. Una confusión en el colorido de la flor es más rara que con el rojo, el blanco o el azul. Con las flores pequeñas y verde amarillentas hay que buscar en el color verde, dentro del apartado "flores insignificantes".

Color verde

Páginas 206-245 Aquí se hallan las plantas medicinales con flores de tonos verdosos. La escala de color incluye también flores blanco verdosas, así como las que tiran a amarillo (e.g., la hiedra). Algunas flores amarillo verdosas se encuentran en el código de color amarillo (e.g., el espino cerval). En el capítulo relativo al color verde están incluidas las coníferas, los planifolios y hierbas con flores muy pequeñas e insignificantes, así como helechos y otras plantas que carecen de flores.

Símbolos

- flores con 4 pétalos como máximo
- flores con 5 pétalos
- flores con más de 5 pétalos o en capítulos
- flores con simetría bilateral
- flores muy insignificantes; conífera
- flores muy insignificantes; planifolio
- flores muy insignificantes; hierbas
- sin flores; e.g., helechos
- planta venenosa o mortalmente venenosa

Abreviaturas

a	altura de la planta
an.	anchura
aprox.	aproximadamente
c.	cucharadita
C.	cucharada
h.	hasta
l.	longitud

AF727451

Wolfgang Hensel

Plantas medicinales

Cómo utilizar este libro

En cada planta descrita se da información sobre el hábitat y aspectos interesantes relativos a su uso o procedentes de su historia o de su biología. En las representaciones destacan las características importantes que facilitan la identificación. La gran foto principal muestra el aspecto típico de la planta o un detalle característico. Los demás dibujos nos dan información sobre detalles sobresalientes e importantes para la identificación. Al margen puede verse un texto y una fotografía, que nos indica lo más importante sobre el hábitat, y el dibujo de una flor característica. En las plantas que ocupan una página completa aparece un recuadro con una receta típica ("Consejo de salud") o datos especialmente importantes sobre la especie ("¿Lo sabía?").

Altura (a)
Altura de la planta por encima del suelo

Meses
Época de floración

Forma de crecimiento
¿La planta es anual, bienal o perenne? ¿Inverna como tubérculo, planta vivaz, arbusto o árbol? En las plantas venenosas se indica el grado de toxicidad.

Datos interesantes
Aquí se da información interesante sobre la historia y la utilización de la planta medicinal en diversos campos: medicina natural, medicina tradicional, medicina popular, homeopatía y terapia floral de Bach.

Aspecto característico
Una fotografía grande nos presenta a toda la planta o a una parte importante de ella. En las leyendas se hace hincapié en las características más notables.

Recuadro
El recuadro "Consejo de salud" contiene recetas y usos de ungüentos, tinturas o infusiones eficaces o tradicionales.
En el recuadro "¿Lo sabía?" aparece una especie emparentada o datos interesantes sobre la historia o los efectos de la especie en cuestión.

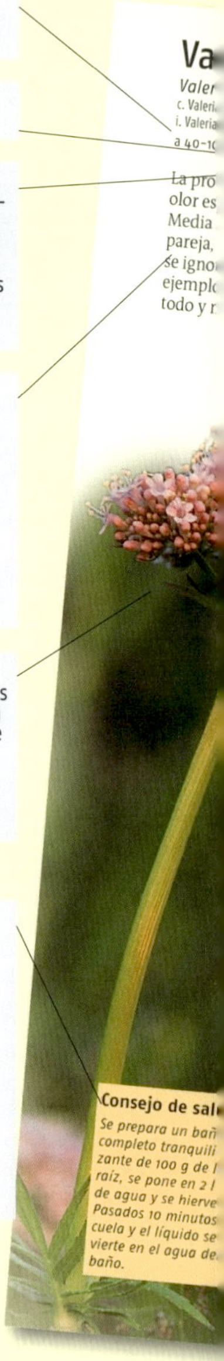

Nombre en castellano
N. científico – Familia
N. en otras lenguas

Hábitat
La fotografía muestra a la planta medicinal en su espacio natural. En el texto que acompaña se describen otros tipos de hábitats y su distribución por Europa y el mundo.

Notas importantes
Resumen de informaciones valiosas sobre, por ejemplo, la identificación, la distribución o el uso.

Flor
Aparece representada una flor con sus características más importantes. En las compuestas o asteráceas suele mostrar todo el capítulo.

Símbolo
Los dibujos esquemáticos de cada flor facilitan la subdivisión dentro de los colores de las flores.

Clave de colores
Cada uno de los 5 grupos principales está indicado con el color característico de la flor (v. también p. 1).

Detalles
Las pequeñas representaciones muestran partes de la planta que resultan importantes para la identificación o la utilización como planta medicinal. Puede tratarse, por ejemplo, de hojas, frutos, otras partes de la flor o raíces. Las leyendas que acompañan a la ilustración señalan las características típicas.

Color de las plantas medicinales

Lo que nosotros distinguimos como colores se basa en rayos de luz de diferente longitud de onda que nuestras células visuales perciben. Sin embargo, el color de una flor se hace real primero en nuestro cerebro. Por eso, las abejas, las mariposas o los abejorros "ven" las flores de un color diferente y es porque sus ojos perciben otras longitudes de onda. A lo largo de la evolución, las flores se han adaptado a sus polinizadores y no a nuestros conceptos de belleza. Así, por ejemplo, el ultravioleta permanece oculto para nosotros, mientras que manchas y listas ultravioletas sobre una flor blanca sirven de guía a una abeja para llegar al néctar. Por lo demás, las abejas no perciben el color rojo.

¿Por qué el rojo también puede ser azul?

La luz se compone de diferentes longitudes de onda –y, por lo tanto, los colores de una flor– porque los pigmentos de las flores absorben parte de la luz blanca y reflejan otras. Uno de los grupos más importantes de pigmentos son los antocianos. Son moléculas anulares disueltas en el jugo celular y unidas a azúcares. Según el grado de acidez del jugo celular, reflejan los componentes rojos o azules. Este fenómeno explica también el cambio de color de muchas flores: la planta cambia con el grado de acidez de las células el color de las flores.

Los tonos amarillo claro y blanquecino se basan en los flavonoles y sus parientes; el amarillo vivo, en los carotenoides, antoxantinas y betalinas. En relación con las superficies mates, sedosas o atornasoladas surge el juego de colores que tanto valoramos.

La amapola atrae con un antociano **rojo brillante.**

El majuelo refleja todas las longitudes de onda y parece **blanco.**

El color **azul de las flores** del lino se basa en los antocianos.

El **pigmento amarillo** de la retama negra es un carotenoide.

El verde de la uva de raposa se basa en una elevada proporción de clorofila.

Los antocianos de la pulmonaria resultan **rojos al principio y luego azules.**

Forma y estructura de las flores

Las flores se componen de varios grupos de elementos: una envoltura externa formada por el cáliz y la corola. Los estambres son masculinos y en ellos se forma el polen. El ovario, con el estilo y el estigma, es femenino. De esta forma básica proceden diversas modificaciones. La envoltura puede estar muy reducida o sus elementos pueden parecer iguales (tépalos). La estructura y la forma de la flor son características invariables de la familia. Por eso desempeñan un papel esencial en la determinación de las especies. Las partes de la flor presentan una disposición simétrica; el aspecto de la flor lo determina el número de sus elementos y la disposición del plano o los planos de simetría.

Flores con 4 pétalos como máximo

Las flores con 4 pétalos, como las de la mostaza blanca, tienen dos planos de simetría.

Flores con 5 pétalos

La malva, con sus **5 pétalos**, tiene simetría radiada.

También la aguileña, con sus **5 pétalos soldados**, tiene simetría radiada.

Flores con más de 5 pétalos o en capítulos

Algunas flores, como la hepática, tienen **más de 5 pétalos.**

La achicoria tiene **capítulos formados por lígulas.**

El cardo mariano posee **capítulos formados sólo por flósculos.**

El capítulo de la maya tiene **lígulas y flósculos.**

En la pimpinela mayor, las flores **forman una cabezuela.**

Flores con simetría bilateral

Las flores del matalobos tienen sólo **un plano de simetría.**

Todas las labiadas o lamiáceas tienen **flores labiadas.**

Las **flores amariposadas** o papilionadas de la retama son una característica de familia.

La disposición de las flores

Si contemplamos un prado en flor, lo primero que vemos es que hay muy pocas plantas que tengan una sola flor. Mirando con más atención se ve que la mayoría de las flores no crecen al azar del cuerpo de la planta. De hecho, la disposición de las flores es una característica de la especie. Por eso, para poder identificar las plantas medicinales con seguridad hay que examinar atentamente la distribución relativa de las flores en el tallo y con respecto a las flores vecinas.

Flores solitarias – no siempre solas

Sólo unas pocas plantas acaban, como la uva de raposa, con una flor solitaria en el ápice del brote. Más a menudo aparecen varias flores solitarias en el extremo del brote, como en la amapola o la adormidera. Una excepción la constituyen las flores de las compuestas o asteráceas: la "flor" solitaria del diente de león se compone de numerosas flores unidas en un capítulo o cabezuela.

Juntas son más eficaces

Si las flores de una planta están muy juntas y el conjunto presenta una forma característica, se habla de inflorescencia. Estas inflorescencias son con frecuencia reconocibles a una cierta distancia y sirven para diferenciar a una planta o a una familia.
Aunque los botánicos distinguen toda una serie de inflorescencias, en este libro sólo se han mencionado las formas más importantes y características. En los demás casos se describe la forma de la inflorescencia –ramificada, densa, laxa, alta, etc.–. En primer lugar tenemos el capítulo, una inflorescencia característica de las asteráceas o compuestas.

La graciola tiene **una flor solitaria con un largo pedúnculo** que brota de la axila foliar.

En la **umbela** de la zanahoria silvestre, los radios o cabillos surgen de un punto; pueden volver a acabar en otra umbela.

Los **racimos** son largas inflorescencias estrechas con cortos pedúnculos alternos, como en el regaliz.

En el **verticilo** de la ortiga muerta, las flores se disponen como un anillo en torno al tallo.

Los **amentos o gatillos** del abedul son inflorescencias colgantes y densamente comprimidas.

En las **espigas** del llantén se encuentran flores sentadas en un largo eje.

En las **espigas** de las gramíneas, por ejemplo la cebada, las flores están muy reducidas.

Las **escamas** de los conos de los cedros tienen cada una un primordio seminal libre, que madura produciendo semillas sin ninguna envoltura.

Algunas plantas medicinales no son antófitos o plantas con flores. En la cola de caballo se forman las **esporas** en espádices.

Esquema de un antófito

Las hojas de las plantas medicinales

En las hojas se encuentran las "fábricas fotosintetizadoras" de las plantas. La clorofila de los cloroplastos utiliza la luz solar como fuente de energía para fabricar azúcares a partir de los hidratos de carbono y el agua. La forma de las hojas sólo tiene una importancia indirecta; para la planta se trata de exponer al sol una superficie lo más amplia posible. Como la estructura y la forma de una hoja son caracteres típicos de la especie, presentamos aquí una breve introducción a la sistemática de la estructura foliar.

Formas básicas

Además de las forma de las hojas, es importante también la clase de margen foliar. Los botánicos distinguen de manera muy precisa si éste es entero, fino o doblemente aserrado o runcinado; si es crenado o sinuado, etc. En el texto se describirá el margen foliar solamente cuando sea indispensable para la identificación.

La **hoja simple** se compone de un pecíolo o cabillo, que se continúa como nervio principal, y un limbo cerrado (e.g., la hierba de la moneda). Hay formas intermedias entre este tipo y el siguiente, cuando el margen foliar presenta divisiones.

En las **hojas pinnadas,** el limbo está tan profundamente dividido que el nervio central queda parcialmente libre. Si la hoja acaba con un único folíolo, se llamará imparipinnada; si este folíolo terminal falta, será paripinnada (e.g., la argentina).

Los **foliolos** pueden estar también divididos y así podemos encontrar hojas dos o más veces pinnadas (e.g., la biznaga).

Una forma especial son las **hojas palmatipinnada.** En este caso, todos los folíolos acaban en un punto (e.g., el castaño de Indias).

Forma de las hojas

También las formas de las hojas simples y de los folíolos presentan grandes diferencias.

Forma redonda o **redondeada oval** (e.g., aliso).

Hojas **ovadas** (e.g., haya).

Las hojas **lanceoladas** son más anchas en la base y se estrechan por los extremos (e.g., adelfa).

Las hojas **estrechas** son visiblemente más largas que anchas (e.g., estragón).

Las hojas **acorazonadas** o cordadas son fáciles de reconocer (e.g., la hierba del ajo).

Los pinos y otras coníferas tienen verdaderas agujas o **acículas**.

Las hojas **escamiformes** están estrechamente unidas al tallo (e.g., la uña de caballo).

Disposición de las hojas

Por último se distinguen las especies por la disposición de las hojas en el tallo.

Las hojas basales son las que crecen directamente por encima del suelo; a menudo forman una **roseta** característica (arriba, la maya; abajo, la siempreviva mayor).

Las hojas **alternas** aparecen aisladas en un nudo (e.g., la adormidera). Esta disposición ayuda también a determinar las plantas leñosas.

En las plantas con hojas **opuestas**, hay dos hojas en cada nudo (e.g., centaura menor).

Las hojas en **verticilos** son relativamente raras; varias hojas se asientan en un tallo muy torcido (e.g., el cuajaleche).

Los componentes de las plantas medicinales

Malvavisco

Mucílagos: Los mucílagos de las plantas medicinales tienen una estructura química diversa, pero contienen siempre moléculas de azúcar, que están enlazadas a ácidos vegetales o a otras sustancias. Todos ellos están en condiciones de absorber grandes cantidades de agua, es decir, se hinchan. Las plantas medicinales con mucílagos se usan para combatir el estreñimiento y también para aliviar las mucosas inflamadas de la boca y la garganta.

Argentina

Taninos: El nombre de este grupo de sustancias de estructura relativamente complicada proviene de que forman enlaces indisolubles con proteínas animales: los taninos convierten la piel de los animales en cuero. Los taninos reaccionan con la superficie de la piel y las mucosas, y la sellan. Son astringentes y se usan sobre todo para tratar heridas, tanto externas como internas.

Lúpulo

Principios amargos: No son químicamente uniformes, pero tienen un sabor más o menos amargo. Ante el estímulo amargo reaccionan las glándulas digestivas de la boca, el estómago y la vesícula secretando más jugos digestivos. Los principios amargos favorecen la digestión, estimulan el apetito y pueden reprimir las bacterias que ponen en marcha los procesos fermentativos que se producen en el estómago y el intestino.

Jabonera

Saponinas: Las saponinas se componen de azúcares y moléculas aromáticas que producen espuma en contacto con el agua. Por eso, la raíz de la jabonera se utilizó durante mucho tiempo como jabón. Las saponinas en elevadas concentraciones o directamente en las vías sanguíneas son venenosas, pues atacan las finas membranas que envuelven a cada célula. Las plantas con estas sustancias se toman para favorecer la expulsión de mucosidades o el filtrado de los riñones.

Vara de oro

Flavonoides: Desde el punto de vista químico estos componentes son anillos aromáticos unidos básicamente a moléculas de azúcar pero también a otras. Amarillos (del latín flavus: amarillo) sólo lo son unos determinados flavonoides. Según su composición química los flavonoides tienen efectos médicos diferentes, que van de diuréticas (vara de oro) a estabilizadoras de las venas (castaño de Indias).

Belladona

Alcaloides: Se trata de anillos de moléculas con nitrógeno, que aparecen en concentraciones diversas. En total se conocen más de 7000 alcaloides. Se encuentran entre las sustancias vegetales especialmente venenosas: la nicotina, la morfina, la estricnina, la atropina de la belladona o la aconitina del matalobos pertenecen a este grupo. Como medicina únicamente las puede recetar el médico.

Uña de caballo

Alcaloides pirrolizidínicos: Esta forma especial de alcaloides se encuentra en algunas especies vegetales. Formaban parte de algunos medicamentos hasta que se demostró experimentalmente que perjudicaban al hígado y podían provocar cáncer. En algunos casos se han llegado a producir formas seleccionadas de uña de gato desprovistas de alcaloides. Es mejor renunciar por precaución a las infusiones de uña de gato, sombrerera, consuelda mayor, lengua de buey y otras especies.

Dedalera

Glucósidos cardiotónicos: A este grupo se le llama también en medicina glucósidos digitálicos, porque la sustancia se descubrió en primer lugar en la dedalera. Sus estructuras se diferencian un poco, pero todas se basan en una armazón básica de esteroides; "gluco" o "glico" significa que siempre tienen un azúcar. Los glucósidos cardiotónicos estimulan el músculo cardíaco y, por eso, los médicos lo recetan en casos de corazón debilitado por la edad.

La utilización de las plantas medicinales

Naturalmente, con este libro no se intenta sustituir la visita al médico o al terapeuta o los consejos del farmacéutico, sino que anima a reconocer las plantas medicinales en la naturaleza, los jardines o jardines de exposición.

El farmacéutico o herborista puede dar información sobre la dosificación exacta y la preparación, pero sobre todo sobre los efectos secundarios y las contraindicaciones, es decir, en qué dolencias es mejor evitar el uso de la planta.

Cómo conseguir las plantas

Hace algunos años y décadas no había problemas para recolectar plantas medicinales en la naturaleza. Esto ha cambiado desgraciadamente. Pocas personas viven en medio de una naturaleza tan limpia e intacta que puedan tomar sin preocuparse las hierbas apropiadas. Los gases procedentes de los coches y la industria se almacenan en las plantas y hacen que el uso de las silvestres no carezca de problemas. Es por eso por lo que algunas plantas medicinales están protegidas y no pueden recogerse en espacios naturales protegidos.
Las plantas recogidas deben secarse hasta que no contengan nada de agua (peligro de enmohecimiento) y se conservan en recipientes de cristal oscuro, cerámica o metal.
Todos los problemas que se producen en la recolección y la conservación se evitan si se compran las hierbas en farmacias o herbolarios, ya que éstas proceden de cultivos o recolecciones controladas y han pasado por un control de calidad.

Infusiones

La mayoría de las plantas medicinales se toman en forma de infusión. Las hojas y las flores, así como algunos frutos troceados se preparan en infusiones. Las partes de la planta se ponen en un recipiente –hay que determinar con un vaso

Manzanilla

graduado la capacidad de su taza; a menos que se indique de otro modo, las recetas se refieren a unos 150 ml– y se vierte sobre ellas agua hirviendo. La infusión se cubre con un platito y se pasa por un colador. Cuando se preparan arándanos troceados, los frutos se cuecen un momento, se dejan en reposo y se cuelan. Las plantas con mucílagos, como el malvavisco, se dejan varias horas macerando en agua fría, que se calienta antes de beberla.

Respirar profundamente

Algunos aceites vegetales o plantas con aceites esenciales son más eficaces si se absorben a través de la nariz. Para hacer inhalaciones de, por ejemplo, aceite de abeto, se vierten unas gotas en el agua caliente y humeante de una palangana, se pone la cabeza por encima y se cubre con una toalla. Se respira el vapor y finalmente se seca y descansa. En los baños parciales de, por ejemplo, hojas de nogal contra el sudor de pies, se hace una infusión o una decocción de la planta que se echa inmediatamente después en una palangana. Para baños completos de lavanda o valeriana, por ejemplo, se prepara la planta con una pequeña cantidad de agua –generalmente una infusión– y se añade el líquido al agua del baño.

Abeto rojo

Lavados, cataplasmas y enjuagues

Los demás usos se basan en las preparaciones propuestas. Cuando se hacen gárgaras, la infusión no se traga, sino que se expulsa, los enjuagues se preparan como los baños parciales y para las cataplasmas se empapa una paño de lino con la planta preparada.

Zarzamora

Guía de plantas medicinales

Brecina, brezo

Calluna vulgaris (Ericáceas)

c. Bruguerola e. Ainarra g. Queiruga p. Barba-do-mato f. Bruyère it. Brugo i. Common heather it. Brugo a. Heidekraut

a 30–100 cm ag.–sept. arbusto

Hábitat *Brezales, pastos pobres, ciénagas y pinares. Sobre suelos ácidos y ricos en nutrientes. Desde Europa a Asia Menor.*

> ***flores en racimos unilaterales***
> ***cáliz petaloideo, el doble de largo que la corola***

Cuando "el brezo florece", madura un arbusto que se consideraba salutífero en la Edad Media. Actualmente se usa sólo en medicina popular y en homeopatía: las hojas y las flores contienen sobre todo taninos, flavonoides y ácidos vegetales. Con él se prepara una infusión diurética en caso de dolencias de la vejiga y los riñones que también sirve para el insomnio y el reuma. En la terapia floral de Bach, el brezo *(heather)* facilita los contactos interpersonales.

Consejo de salud

La infusión de sus flores con miel ayuda a conciliar el sueño: se vierte agua hirviendo sobre 1 c. por taza. Después de 10 minutos se cuela y se bebe a sorbos.

Laureola hembra

Daphne mezereum (Timeleáceas)
c. Tintorell e. Erreinoztxo f. Lauréole femelle it. Fior di stecco i. Common mezereon
a. Gewöhlicher Seidelbast

a 40–120 cm marz.-abr. arbusto

Es una peligrosa planta venenosa y no debe recogerse en ningún caso. Antes, los curanderos utilizaban las bayas y el extracto de la corteza como un potente purgante y también contra irritaciones de las vías urinarias, en casos de reuma, gota e incluso tos ferina. Actualmente se receta la corteza verde como remedio homeopático para dolencias de la piel y trastornos digestivos.

Hábitat *Bosques mixtos con abundante sotobosque. Sobre suelos ricos en nutrientes, posiblemente calcáreos. Desde Europa hasta Asia oriental.*

- ***hojas verdes en verano, lanceoladas***
- ***las hojas aparecen después de las flores***
- ***sólo con sépalos***

Laurel de San Antonio

Epilobium angustifolium (Onagráceas)
f. Épilobe à feuilles étroites i. Rosebay willowherb a. Schmalbrättriges Weidenröschen

a 60–120 cm jul.-ag. vivaz

Cuando aparecen las brillantes flores de esta planta es cuando nos percatamos de ella. Las partes aéreas secas contienen una mezcla de sustancias activas, que facilitan la micción en caso de hipertrofia benigna de próstata. En medicina popular se usaba contra la gastroenteritis y para curar heridas. En el este de Europa se hacía con las hojas tiernas una infusión muy apreciada: el "té copto".

Hábitat *Desmontes y claros de bosque, arcenes, grupos llamativos. Europa, Asia, Norteamérica*

- ***flores primero masculinas y luego femeninas***
- ***planta pionera con numerosas semillas aladas***

Epilobio de flores pequeñas

Epilobium parviflorum (Onagráceas)

f. Épilobe à petites fleurs i. Small-flowered willow-herb a. Kleinblütiges Weidenröschen

a 30–80 cm jun.–sept. vivaz

Hábitat *Junto a arroyos, caminos húmedos, zanjas, suelos muy húmedos y ricos en nutrientes. Frecuente. Europa, Asia, N de África.*

> ***hojas opuestas, no abrazadoras, alternas por arriba***

> ***tallo redondo, con pelos distantes***

Carece de flores vistosas, pero este discreto representante del género es tan eficaz medicinalmente como su pariente de flores mayores. La hierba se recoge durante la floración y contiene sobre todo flavonoides y taninos. Es seguro que la infusión favorece la micción, pero no hay pruebas de sus supuestos efectos contra el cáncer de próstata.

20

Consejo de salud

Infusión (epilobio de flores pequeñas): se vierte en agua hirviendo sobre unas 2 c. de hojas secas y se cuela pasados 15 minutos. La infusión no debe tomarse durante mucho tiempo seguido.

Henna

Lawsonia inermis (Litráceas)

c. Henna f. Henné it. Henné i. Henna a. Hennastrauch

a 2-6 m oct.-abr. arbusto

Mucho antes de que fuera conocida como tinte del cabello en la cosmética occidental, era ya una planta medicinal de la cultura árabe. El pigmento de las hojas era un remedio contra enfermedades con diarreas (disentería amebiana), úlceras gástricas y fiebre. Externamente se usaba una decocción de las hojas en caso de eczemas, úlceras, enfermedades fúngicas y sarna.

Hábitat *Lugares secos, desérticos. N de África hasta el Sahara, la India.*

> ***corteza clara y blanquecina***
> ***flores en panículas, de blancas a rojas***

Amapola

Papaver rhoeas (Papaveráceas)

c. Rosella e. Mitxoleta g./p. Papoula f. Coquelicot it. Rosolaccio i. Common poppy a. Klatschmohn

a 30-90 cm mayo-jul. anual

Los pétalos, de un rojo brillante, carecen de sustancias farmacéuticas activas. A pesar de su bajísima cantidad de alcaloides, la medicina popular lo usó contra el dolor y en trastornos del sueño. El jarabe de amapola con azúcar remedia la ronquera y la tos. Actualmente se añaden las hojas a otras infusiones para mejorar su color.

Hábitat *Campos de cereales, caminos, yermos, lugares abiertos. Sobre suelos calcáreos, ricos en nutrientes. Extendida por todo el mundo.*

> ***yemas inclinadas, flores y frutos erguidos***
> ***pétalos con una mancha en la base***
> ***látex blanco***

Adormidera

Papaver somniferum (Papaveráceas)

c. Cascall e. Lo-belar g./p. Dormideira f. Pavot somnifère it. Papavero i. Opium poppy a. Schlaf-Mohn

a 40–150 cm jun.-ag. anual ☠

Hábitat *Yermos, escombreras. Sobre suelos limosos ricos en nutrientes. Originaria del O de Asia, plantada legal e ilegalmente.*

> ***hojas con dientes de diferente profundidad, con base abrazadora***
> ***flores solitarias, de hasta 10 cm***
> ***planta con látex blanco***

22

He aquí un buen ejemplo que indica cómo una droga es a la vez maldición y bendición. Si se hace una incisión en una cápsula inmadura, brota un látex blanco que se seca al aire. Contiene más de 40 alcaloides diferentes con los que se elaboran productos farmacéuticos con un espectro de acción diferente: morfina, codeína, noscapina y papaverina son las más conocidas. El opio y sus derivados (e.g., heroína) son también estupefacientes con un elevado potencial de dependencia.

¿Lo sabía?

La adormidera no debe ponerse en manos inexpertas, aunque antes se calmaba a los bebés con una decocción de las cápsulas. En cambio, las sabrosas semillas negras de los pasteles y panecillos ya no contienen alcaloides venenosos y pueden consumirse sin preocupaciones.

Llantén indio, ispaghul

Plantago ovata (Plantagináceas)

f. Plantain de l'Inde it. Ispaghul i. Indian plantago a. Indischer Flohsame

a 5-20 cm dic.-abr. anual-bienal

La particularidad de este llantén son las semillas o sus cubiertas. Contienen grandes cantidades de un mucílago muy hinchable que asegura realmente el abastecimiento de agua de las semillas. Si se ponen semillas en agua, las heces se reblandecen, estimulan el intestino y lo vacían.

Hábitat *Lugares abiertos, secos, sobre suelos arenosos. Mediterráneo hasta el SO de Asia, Canarias.*

> **Hojas en una roseta basal**
> **hojas estrechas**
> **flores solitarias poco llamativas**

Pimpinela mayor

Sanguisorba officinalis (Rosáceas)

c. Pimpinella major e. Gaitun g. Pimpinela maior f. Grande pimprenelle it. Sorbastrella i. Great burnet a. Grosser Wiesenknopf

a 30-150 cm jun.-sept. vivaz

En la medicina popular, la hierba se usaba para curar heridas sangrantes y hemorragias internas. En un herbario del s. XVI se dice que "detiene hemorragias de toda clase". Los responsables son sus taninos. Actualmente se usan sólo en homeopatía en casos de varices y diarrea.

Hábitat *Prados muy húmedos, cenagosos. Hasta altitudes medias en montañas, sobre suelos ricos en nutrientes. Europa central, Asia, Norteamérica.*

> **hojas basales en una roseta**
> **hojas caulinares alternas, imparipinnadas**

Malvavisco

Althaea officinalis (Malváceas)

c. Malví e. Malba-zuri g./p. Alteia f. Guimauve it. Bismalva i. Marsh mallow a. Echter Eibisch

a 60–120 cm jul.-sept. vivaz

Hábitat *Lugares húmedos. Prefiere los suelos limosos y salados. Asia, E de Europa y costa alemana del mar Báltico.*

> **cultivada y asilvestrada**
> **planta con fieltro suave**
> **piezas del calículo con la base soldada, ápices de los pétalos escotados**

El párroco Kneipp no valoraba especialmente la infusión "mucilaginosa" de malvavisco, pero, desde la Antigüedad hasta la fitoterapia moderna, ha tenido un papel importante como planta medicinal. La infusión de hojas, flores o raíz remedia las inflamaciones de la boca y la garganta, y las inflamaciones de la mucosa gastrointestinal. Tal vez incluso estimule el sistema inmunológico. Contra la tos es mejor endulzarla con miel. La medicina popular usa cataplasmas de malvavisco para las enfermedades de la piel.

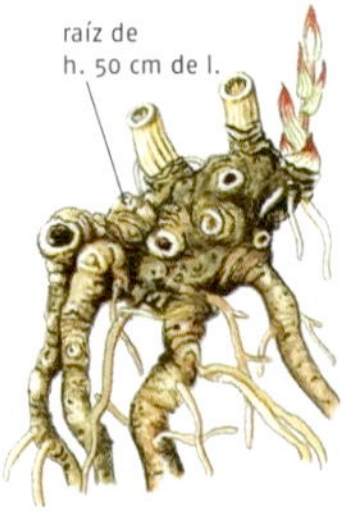

Consejo de salud

Se pone la raíz troceada de malvavisco (1–2 c) en una taza de agua fría durante una hora a temperatura ambiente, se calienta un poco (que se pueda beber) y se cuela. Las hojas (1–2 c.) también se pueden cubrir con agua caliente (no hirviente). Se cuela pasados 10 minutos.

Murajes

Anagallis arvensis (Primuláceas)

c. Morró e. Izukeslea g. Herba da rabia p. Murrião
f. Mouron des champs it. Centonchio dei campi
i. Scarlet Pimpernel a. Acker-Gauchheil

a 5–30 cm jun.-oct. anual ☠

variante de color azul

En la Antigüedad clásica era un remedio contra la melancolía y en la Edad Media se usaba en las enfermedades mentales. La medicina popular usa la hierba contra la tos y enfermedades hepáticas y renales, y también externamente en los dolores de articulaciones. En la fitoterapia no desempeña ningún papel, pero a veces se receta en homeopatía.

Hábitat *Campos, arcenes, jardines, viñedos, yermos. Sobre suelos limosos ricos en nutrientes. Casi todo el mundo.*

> ***tallos postrados cuadrangulares***
> ***flores rojas, rosas o raramente azules***

hojas opuestas, sentadas

pétalos de ovados a redondos

corola de 3,5–6 mm de largo

Madroño

Arbutus unedo (Ericáceas)

c. Arboç e. Aagorri g./p. Aborio f. Arbousier it. Corbezzolo i. Strawberry tree
a. Westlicher Erdbeerbaum

a. 1,50–6 m oct.-marz. arbusto

Aunque los frutos recuerdan a las fresas, sólo son comestibles en compotas. Está emparentado con los brezos. Las hojas contienen arbutina, cuyos productos de descomposición son antisépticos. Se usa en infecciones de las vías urinarias y en las hipertrofias benignas de próstata. Además hay una infusión para la diarrea y para hacer gargarismos en caso de heridas en la boca y la garganta.

Hábitat *Costas mediterráneas, maquia, laurisilva perennifolia.*

> ***hojas siempre verdes, como las del laurel***
> ***frutos en forma de fresa***
> ***flores de rosas a blancas***

fruto esférico, de h. 2 cm

baya con cubierta dura

flores acampanadas

Belladona

Atropa bella-donna (Solanáceas)

c. Belladona e. Belaiki p. Beladona f. Morelle fuerieuse it. Belladonna i. Deadly nightshade a. Echte Tollkirsche

a 50–150 cm jun.–ag. vivaz ☠

Esta planta venenosa contiene toda una serie de alcaloides (hiosciamina), taninos y flavonoides. La atropina se forma cuando la planta se seca. Debido a su toxicidad, la planta no desempeñó un papel importante en la medicina popular, pero se usó para toda clase de hechizos. La medicina moderna usa preparados casi exclusivamente estandarizados. Son espasmolíticos de los órganos internos, reducen la secreción de las glándulas mucosas o ensanchan la pupila para exploraciones oculares.

Hábitat *Claros de bosque, desmontes, arcenes. C de Europa, SO de Asia, N de África.*

> ***hojas anchas lanceoladas, alternas***
> ***en la zona de las flores hay una bráctea grande y otras pequeñas aparentemente opuestas***

¿Lo sabía?

La parca griega Átropos corta el hilo de la vida y de ahí viene el nombre. Esto lo sabían también los escoceses, que, en torno a 1035, fueron atacados por los vikingos: echaron belladona en la comida y vencieron sin luchar. Como los alcaloides provocan alucinaciones, las brujas creían que volaban bajo el influjo de la planta.

Bistorta

Bistorta officinalis ssp. *officinalis* (Poligonáceas)
c. Bistorta p. Bistorta f. Serpentaire rouge it. Bistorta i. Snakeweed
a. Schlangen-Wiesenknöterich
a 30–100 cm mayo–jul. vivaz

Hábitat *Prados de húmedos a muy húmedos, zonas con matas altas, riberas. Sobre suelos ricos en nutrientes. C de Europa, Asia.*

> **hojas de h. 20 cm de largo, oblongo ovadas**
> **hojas caulinares sentadas**

La raíz engrosada contiene mucho almidón y se consumía antes en Rusia. Los importantes medicinalmente son los taninos. Sobre heridas externas es astringente (cataplasmas, baños) y es la base de gargarismos en inflamaciones de la boca y la garganta; también como infusión para diarreas.

flores en racimos como panículas de 3–6 cm

hojas basales con largos pecíolos

estambres salientes

Jara menorquina

Cistus creticus ssp. *creticus* (Cistáceas)
c. Estepa menorquina f. Ciste de Crète i. Pink rockrose a. Graubehaarte Zistrose

a 30–100 cm abr.–jun. arbusto

Hábitat *Suelos soleados, pedregosos y secos, maquias y garrigas. Zona mediterránea.*

> **hojas siempre verdes, de ovadas a lanceoladas, pelosas**
> **los pétalos recuerdan el papel de seda**

Desde la Antigüedad, la resina seca de esta planta es infusión conocida como láudano. Servía de cosmético, estupefaciente y hemostático. Actualmente se usan las hojas como infusión medicinal. Los polifenoles ligan los radicales libres, aumentando así el bienestar general y la resistencia a las enfermedades.

hojas pelosas protegidas frente al sol

estambres numerosos

pétalos arrugados

flores de 4–6 cm de an.

Centaura menor, hiel de la tierra

Centaurium erythraea (Gencianáceas)

c. Herba de Santa Margarida e. Lubeazun g. Herba da fel p. Fel-da-terra f. Petite centaurée it. Biondella i. Lesser centaury a. Echtes Tausendgüldenkraut

a 10–50 cm jul.-sept. anual

Hábitat *Claros de bosque, céspedes semisecos. Lugares soleados y secos. Europa, O de Asia, N de África.*

> ***flores en cimas***
> ***hojas en una roseta basal***
> ***tallo cuadrangular***

Es una planta protegida en algunas zonas de Europa. Destaca por su elevado contenido en principios amargos, que se nota en todos los preparados. La infusión regula el flujo de saliva y jugos gástricos; alivia los problemas digestivos y la sensación de plenitud. La medicina popular lo usa contra las lombrices intestinales, la anemia juvenil y la anemia en general. En la terapia floral de Bach, *centaury* refuerza el autoconocimiento.

28

Consejo de salud

El vino macerado con la planta se toma como aperitivo antes de la comida: se ponen 30 g de hierba y hojas de menta piperita con 1 litro de vino blanco seco y el jugo de un limón (o de una naranja) y se filtra pasados 7–10 días.

Pan de puerco

Cyclamen purpurascens (Primuláceas)

p. Paao-porcino f. Violette des Alpes i. Common cyclamen a. Alpenveilchen

a 5-15 cm   jun.-sept.   vivaz ☠

Como los tubérculos producen vómitos, diarreas, parálisis y espasmos, se usaron como purgantes fuertes. En homeopatía, el tubérculo fresco todavía se usa contra los dolores de cabeza, la migraña y los trastornos digestivos. Ciertamente en la Antigüedad se era menos prudente: curaba mordeduras de serpientes, enfermedades oculares, gota y dolencias del bazo.

Hábitat *Bosques, matorrales, jardines. Alpes.*

> ***hojas siempre verdes***
> ***con muchas variedades en los jardines***

Hierba de San Roberto

Geranium robertianum (Geraniáceas)

c. Herba de Sant Robert e. Zangogorri g. Herba da agulla p. Erva-de-São-Roberto f. Herbe à Robert it. Erba roberta i. Herb Robert a. Ruprechtskraut

a 20-40 cm   mayo-oct.   anual

De los herbarios del pasado sólo hay elogios para esta planta, pero actualmente la usa a lo sumo la homeopatía. Los taninos de las partes aéreas alivian la diarrea y, externamente, las heridas difíciles de curar. La medicina popular la utiliza, además, en casos de inflamaciones de estómago, enteritis, vejiga y riñones.

Hábitat *Bosques, yermos, muros, escombreras, jardines. C de Europa, Asia, N de África y de América.*

> ***planta con olor desagradable***
> ***hojas con profundas divisiones***
> ***tallos y hojas a menudo teñidos de rojo***

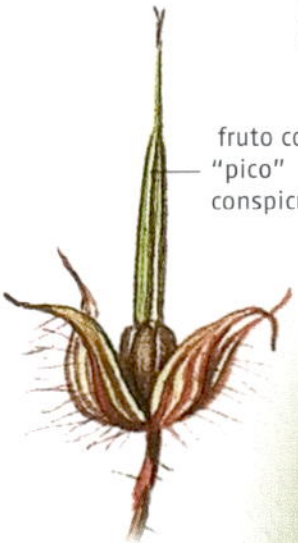

Malva común

Malva sylvestris (Malváceas)

c. Malva major e. Malba g./p. Malveira f. Grande mauve it. Malva riondela i. Common mallow a. Wilde Malve

a 30–100 cm jun.-oct. vivaz

Hábitat *Arcenes, yermos, escombreras. En lugares soleados y secos. Europa, Asia, N de África.*

> ***indicadora de suelos nitrogenados***
> ***2–6 flores, en las axilas foliares***
> ***tallos de postrado a ascendente***

Las flores y las hojas contienen sobre todo mucílagos, pero también taninos y flavonoides. El mucílago se extiende sobre la mucosa inflamada aliviándola y hace que la infusión de malva sea eficaz en caso de toses, catarros y gastroenteritis. Como el pigmento de las flores (antocianos) le da a la infusión un color rojo, se añaden flores de malva a las mezclas de hierbas para este uso. En la Antigüedad se recetaba las hojas como verdura para el estreñimiento.

Consejo de salud

Las flores tienen un contenido de mucílagos un poco más alto que las hojas. Se sumergen 2 c. de flores en agua hirviendo y se cuela pasados 10–15 minutos. También pueden cubrirse un poco más de flores con agua fría y colar tras 2–3 horas. Se bebe a temperatura normal.

Adelfa

Nerium oleander (Apocináceas)

c. Baladre e. Eriotz-lorri g. Loendro p. Loendro f. Laurier rose it. Oleandro i. Oleander a. Oleander

a 1-4 m jul.-sept. arbusto ☠

En la zona mediterránea se usaba desde la Antigüedad contra la las mordeduras de serpiente, y también en la medicina árabe. Posteriormente, las hojas se usan raramente en preparados. Contienen glucósidos cardiotónicos que se recetan en casos de insuficiencia cardiaca o corazón senil.

Hábitat *Riberas de arroyos y ríos temporalmente secas. Zona mediterránea.*

> ***plantada en macetas en el C de Europa***
> ***hojas siempre verdes***
> ***la planta contiene látex***

Almendro

Prunus dulcis var. *dulcis* (Rosáceas)

c. Ametller e. Almondrondo g./p. Amendoeiro f. Amandier it. Mandorlo i. Almond tree a. Mandelbaum

a 2-8 m febr.-abr. árbol o arbusto

De las apetitosas semillas se elabora un valioso aceite que constituye la base de ungüentos medicinales y linimentos. La medicina popular la usaba en caso de gastroenteritis. De los residuos de la presión, la pasta de almendras, se hacen mascarillas para la piel con impurezas. El aceite de almendras amargas (var. *amara*) sirve para fabricar el mazapán.

Hábitat *Originaria del SO de Asia. Introducida como planta útil y ornamental y culinaria en muchos países moderadamente cálidos.*

> ***El almendro amargo, emparentado con él, es venenoso***
> ***las hojas aparecen antes que las hojas***
> ***hojas lanceoladas, finamente dentadas***

Pulmonaria

Pulmonaria officinalis (Boragináceas)

c. Pulmonària e. Beribedarr p. Pulmonária f. Pulmonaire it. Pulmonaria i. Common lungwort a. Echtes Lungenkraut

a 10–30 cm marz.–mayo vivaz

Hábitat *Bosques planifolios y matorrales. Toda Europa.*

> ***planta hirsuta, pero escasamente pelosa***
> ***hojas basales con largos pecíolos***
> ***P. obscura es semejante, pero hojas sin manchas***

Los médicos de la Antigüedad y también Hildegarda de Bingen veían en las hojas manchadas de blanco la signatura para las enfermedades pulmonares y recetaron la hierba para ellas. Las hojas contienen mucílagos y una cantidad relativamente grande de ácido silícico. La medicina oficial no la usa. Sólo se tiene en cuenta en homeopatía para la bronquitis y en la medicina popular para las inflamaciones de la boca y la garganta.

Consejo de salud

Infusión para hacer gárgaras en caso de ronquera y tos: se cubre con agua hirviendo 1 c. de hojas secas y se cuela pasados 10 minutos. No debe tragarse.

Rododendro

Rhododendron ferrugineum (Ericáceas)

c. Neret e. Erroiz f. Rhododendron ferrugineux i. Alpenrose a. Rostblättrige Alpenrose

a 30–120 cm jun.–ag. arbusto

Actualmente se desaconseja la infusión de sus hojas, ya que no se conocen todos sus componentes. La medicina popular de los Alpes usaba las hojas contra el reuma, la gota, la migraña e incluso la hipertensión. Las diluciones homeopáticas de ramas y hojas se recetan en casos de neuralgias, reuma e inflamación de testículos (orquitis).

Hábitat *Alpes, Pirineos. Matorrales junto al límite de los árboles.*

> ***arbusto ramificado, bajo***
> ***hojas siempre verdes, coriáceas***
> ***envés foliar con escamas glandulares pardo rojas***

Escaramujo

Rosa canina (Rosáceas)

c. Gavarrera e. Alkaka-atza g. Agavanzo p. Gabanceira f. Eglantier commun it. Rosa canina i. Dog Rose a. Hunds-Rose

a 1–3 m jun. arbusto

La mermelada recién hecha de cubiertas de escaramujos contiene el nivel más alto de vitamina C. Se añaden las cubiertas secas del fruto a la infusión para prevenir los resfriados, pero la medicina usa los escaramujos enteros. El aceite de las semillas sirve para tratar las cicatrices y alisar las arrugas de la piel. En la terapia floral de Bach se toma *wild rose* contra la resignación.

Hábitat *Setos, márgenes de bosques, yermos, plantaciones junto a caminos y carreteras. Europa h. Asia central.*

> ***ramas con aguijones trepadoras o colgantes***
> ***aguijones falciformes con base disciforme***

Jabonera

Saponaria officinalis (Cariofiláceas)

c. Sabonera e. Pitzigorka g./p. Saboeira f. Savonnière it. Saponaria i. Soapwort a. Echtes Seifenkraut

a 30–80 cm jun.–sept. vivaz ☠

Hábitat *Vegas, caminos, yermos. Sobre suelos ricos en nutrientes. Frecuente. S y C de Europa.*

> ***también formas con flores de un blanco puro***
> ***hojas trinervadas, lanceoladas***

La raíz contiene hasta un 8% de saponina, diversos hidratos de carbono y otras sustancias. Su uso como planta medicinal se remonta a los árabes, que la usaban contra enfermedades de la piel (tiña), lepra y úlceras. Como la raíz facilita la expulsión de moco, los herboristas la utilizaron desde la Edad Media principalmente contra las enfermedades de las vías respiratorias. La medicina popular la usa contra las enfermedades de la piel y el reuma.

¿Lo sabía?

El nombre de jabonera se refiere a otro uso: las saponinas forman una espuma jabonosa con el agua. Por eso raramente se preparaba una infusión con la raíz, sino que se trituraba con mucha frecuencia en una cuba como detergente.

Escopolia

Scopolia carniolica (Solanáceas)
i. Scopolia a. Krainer Trollkraut

a 20-60 cm abr.-mayo vivaz ☠

Antonio Scopoli (1723-88) describió esta planta en la *Flora de Eslovenia*. Se la conocía allí como planta de brujas y afrodisíaca, pues contiene alcaloides alucinógenos. Esta planta medicinal es espasmolítica en los órganos internos, pero, a pesar de sus eficaces propiedades, se usa todavía raramente. La medicina popular la prescribe para el reuma, la gota y los dolores de muelas.

Hábitat *Sotobosque de bosques planifolios. SE de Europa.*

> ***hojas lanceoladas, puntiagudas, estrechadas hacia el peciolo***
> ***flores solitarias, inclinadas***
> ***corola verde amarilla por dentro***

35

Consuelda mayor

Symphytum officinale ssp. *officinale* (Boragináceas)
c. Consolda major e. Zolda-belarr g. Soldaconsolda p. Consolda-maior f. Grande consoude it. Consolida maggiore i. Common comfrey a. Gewöhnlicher Beinwell

a 30-100 cm mayo-jul. vivaz ☠

La creencia de que sirve para las fracturas de huesos parece tan antigua como la fitoterapia misma. Su uso se extiende desde la Antigüedad hasta los herbarios más modernos pasando por Hildegarda de Bingen. La raíz contiene, además de saponinas, taninos y mucílagos. Se sospecha que los tóxicos alcaloides pirrolizidínicos son cancerígenos, por lo que la raíz solo se usa por tiempo limitado externamente en forma de cataplasmas.

Hábitat *Riberas, arcenes, prados, bosques de ribera. Sobre suelos de húmedos a muy húmedos, ricos en nutrientes. Europa, Asia.*

> ***planta hirsuta***
> ***inflorescencia enrollada antes de la floración***
> ***flores de color blanco amarillento, purpúreo o violeta rojo***

Arándano, mirtilo

Vaccinium myrtillus (Ericáceas)

C. Nabiu e. Aabi g. Arandeira p. Uva-do-monte f. Airelle myrtille it. Mirtillo i. Blueberry a. Blaubeere

a 15–50 cm abr.–ag. arbusto

Los arándanos no sólo son frutos silvestres sabrosos que, desgraciadamente pueden provocar diarreas en grandes cantidades, sino también una medicina. Contienen grandes cantidades de taninos y secos son antidiarreicos. El zumo recién exprimido y diluido remedia las inflamaciones de la boca y la garganta. La infusión de las hojas es un antiguo remedio popular contra los trastornos gastrointestinales y debilidad de la vejiga. No está comprobado científicamente que baje el azúcar sanguíneo.

Hábitat *Bosques pobres en especies, brezales cenagosos. Sobre suelos ácidos y pobres en nutrientes. Europa, NO de Asia.*

> ***ramas con ángulos aguzados a alados***

> ***hojas alternas, verdes en verano, ovado apuntadas***

Consejo de salud

Contra la diarrea se pone agua fría con 1–2 C. por taza, se hierve y se cuela pasados 10 minutos. Antes de beber la infusión hay que dejar que se enfríe.

Valeriana, hierba de los gatos

Valeriana officinalis (Valerianáceas)

c. Valeriana e. Belarr bedeinkatu g. Valeriana p. Erva-dos-gatos f. Valériane it. Valeriana i. Valerian a. Echter Baldrian

a 40–100 cm mayo–ag. vivaz

La proverbial atracción que ejerce sobre los gatos proviene del olor especial de la raíz seca. Con este olor esperaban en la Edad Media repeler los malos espíritus, e incluso la peste, y atraer a la pareja, pues era también un afrodísiaco. Sus usos medicinales se ignoraban entonces y se conocieron más tarde. Constituye un ejemplo del efecto de la planta medicinal, que actúa como un todo y no en forma de extractos purificados.

Hábitat *Bosques y prados húmedos, orillas de ríos, zanjas. Frecuente. Europa, Asia.*

- > ***especie colectiva con muchas formas***
- > ***diversas inflorescencias***
- > ***frutos con cerdas plumosas***

hojas profundamente imparipinnadas

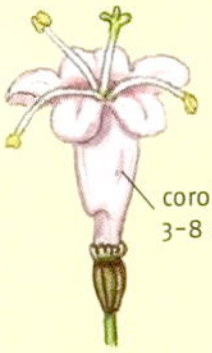

corola de 3–8 mm de l.

raíces numerosas, semejantes

flores en cimas esféricas

Consejo de salud

Se prepara un baño completo tranquilizante de 100 g de la raíz, se pone en 2 l de agua y se hierve. Pasados 10 minutos se cuela y el líquido se vierte en el agua del baño.

Bardana

Arctium lappa (Asteráceas)

c. Repalassa e. Lapaitz g. Herba dos namorados p. Pegamasso f. Bardane it. Lappola i. Burdock a. Grosse Klette

a 80–150 cm jul.-ag. bienal

Hábitat *Yermos, arcenes, instalaciones ferroviarias, vallados, riberas. Sobre suelos ricos en nutrientes. Europa, Asia.*

> ***las raíces se consumen como el salsifí negro***
> ***sólo con flósculos***
> ***hojas basales, de h. 50 cm de l.***

Contiene mucílagos, hasta un 70% del azúcar inulina, aceite esencial y otras sustancias. No desempeña ningún papel en la medicina oficial, pero sí en la popular como diurética y sudorífica. Formaba parte de las infusiones purificadoras de la sangre y, en forma de cataplasma, se usaba para el reuma, las heridas que curaban mal y el eczema. De hecho, sus componentes son antibióticos.

Azafrán bastardo

Colchicum autumnale (Liliáceas)

c. Còlquic e. Azpelar p. Mata-cão f. Colchique it. Colchico i. Meadow saffron a. Herbst-Zeitlose

a 5–40 cm ag.-nov. vivaz ☠

Hábitat *Prados húmedos, prados con frutales. Sobre suelos ricos en nutrientes. C de Europa, N de África.*

> ***los animales evitan esta planta venenosa en los pastos***
> ***ovario profundamente hundido en el suelo***
> ***las hojas aparecen un año después de la floración***

Contiene un veneno mortal, por lo que nunca aparece como remedio casero. Ya los antiguos médicos conocían su toxicidad y su eficacia, y la recetaban contra los ataques fuertes de gota. Actualmente, la colquicina (nombre del veneno) se usa para lo mismo. Así el médico siempre puede sopesar la eficacia y el peligro.

Equinácea

Echinacea purpurea (Asteráceas)
c. Equinàcea f. Échinacée it. Pigna rossa a. Roter Scheinsonnenhut

a 60-180 cm jul.-sept. vivaz

A pesar de sus bonitas inflorescencias no se cultivó como ornamental en Europa hasta el s. XVIII y actualmente –junto con otros parientes y formas– ya no se prescinde de ella en el surtido de plantas de jardín. Los indios norteamericanos usaban raíces y hojas desde tiempos antiguos para contribuir a la curación de las heridas. Tras una carrera casi inaudita como reforzante del sistema inmunitario, los médicos valoran los preparados con espíritu crítico y recomiendan una terapia más precisa.

Hábitat *Originaria de Norteamérica y también cultivada como ornamental y medicinal en Europa.*

> ***hojas con base redondeada***

> ***lígulas anchas, al principio horizontales, luego colgantes***

Consejo de salud

No todos los preparados tienen tanta equinácea como la que prometen. Actúan mejor cuando empieza el resfriado. Tomadas en el momento oportuno estimulan el sistema inmunitario.

Eupatorio

Eupatorium cannabinum (Asteráceas)

c. Canabassa e. Ariketa g. Porqueira p. Trevo-cervino f. Eupatoire it. Eupatoria i. Hemp agrimony a. Gewöhnlicher Wasserdost

a 50–150 cm jul.-sept. vivaz

Hábitat *Claros y linderos de bosque, riberas. Sobre suelos húmedos. Europa, O de Asia y N de África.*

> ***hojas opuestas profundamente palmatidivididas***
>
> ***también llamada "hierba de Santa Cunegunda"***

Los médicos de la Antigüedad la recomiendan contra mordeduras de serpiente, disentería y enfermedades hepáticas y, en la Edad Media, lo consideraban un reforzante de la virilidad. Sospechan que los componentes son inmunoestimulantes, mientras que la medicina popular lo describe como diurético, purgante y favorecedor del flujo biliar. Actualmente no desempeña ningún papel en medicina.

Gentiana purpurea

Gentiana purpurea (Gencianáceas)

f. Gentiane pourpre it. Genziana porporina i. Purple gentian a. Purpur-Enzian

a 20–60 cm jul-sept. vivaz

Hábitat *Campos de matas altas sobre suelos pobres en nutrientes. Alpes occidentales, Apeninos, Escandinavia.*

> ***hojas opuestas***
>
> ***cáliz con 2 segmentos, corola soldada, dividida h. 1/3 en 5–8 segmentos***

Al igual que su pariente de flores amarillas, la raíz contiene azúcar y glucósidos de sabor amargo. Es una planta rara y está protegida. La raíz se usa casi exclusivamente para preparar licores. Con la fermentación desaparecen en gran parte los principios amargos y el licor tiene un sabor apenas amargo. En la terapia floral de Bach, *gentian* se usa contra el pesimismo.

Salicaria

Lythrum salicaria (Litráceas)

c. Salicària e. Egur-belarra g. Salgueiriño p. Salgueirinha f. Salicaire commune it. Salcerella i. Purple loosestrife a. Blut-Weiderich

a 50-100 cm jul-sept. vivaz

La hierba en flor seca contiene taninos, flavonoides y aceite esencial. Como muchas plantas con taninos, servía para las heridas sangrantes –desde menstruaciones fuertes hasta eczemas y úlceras crónicas de las piernas en uso externo–. Otros usos conocidos desde tiempos antiguos eran las enfermedades con diarreas, como la disentería, e incluso el tifus. Ya no se usa en la fitoterapia moderna.

Hábitat *Prados húmedos, zanjas, orillas de estanques. Suelos de húmedos a muy húmedos. Europa, Asia, N de África.*

> ***hojas opuestas o en verticilos***
> ***tallo cuadrangular***
> ***estigmas y estambres en tres disposiciones distintas***

¿Lo sabía?

N. Culpeper, un médico del Barroco, nos informa de un curioso uso de la planta. Según decía, el destilado de la planta es útil contra las heridas de los ojos y la ceguera. También se utilizaba en baños oculares para sacar cuerpos extraños de los ojos.

Peonía

Paeonia officinalis (Peoniáceas)

c. Peònia e. Asto-lili g. Rosa albardeira f. Pivoine it. Peonia selvatica i. Common Peony a. Echte Pfingsstrose

a 30–120 cm mayo–jun. vivaz ☠

Hábitat *Bosques de montaña; S de Europa h. el S de los Alpes, Asia Menor, extendida como planta de jardín.*

> ***raíz tuberculada y engrosada***
> ***flores según la forma de simples a muy llenas***
> ***hojas pinnadas***

Los pétalos contienen taninos y pigmentos que dan a otras infusiónes un intenso colorido. En la medicina popular se preparaba una infusión con ellos para la epilepsia, la gota y los trastornos intestinales. La medicina china añade la raíz de un pariente próximo (*P. lactiflora*) a la "sopa de las 4 hierbas". Se usa como cosmético y tónico yin para las mujeres, y alivia los trastornos menstruales.

Pasionaria, flor de la pasión

Passiflora incarnata (Pasifloráceas)

c. Passionera e. Pasio-lore g. Pasionaria f. Pssiflore i. Passiflora rossa i. Pasion flowers a. Winterharte Passionblume

a 8–10 m trepadora mayo–jul. vivaz

Hábitat *América tropical, S de los EEUU, México, como planta ornamental en el S de Europa.*

> ***flores de simbología cristiana***
> ***planta trepadora***

El nombre le fue dado por misioneros, a los que la flor les recordaba la pasión de Cristo: 3 clavos, corona de espinas, cáliz, 5 estigmas, la lanza y el látigo. La infusión de las partes aéreas es tranquilizante y remedia los estados de ansiedad, el insomnio y los trastornos nerviosos. Forma parte de preparados y mezclas de infusiones.

Sombrerera

Petasites hybridus (Asteráceas)

c. Barretera e. Chapel-belarra f. Pétasite vulgaire it. Farfaraccio i. Butterbur
a. Gewöhnliche Pestwurz

a 15–150 cm abr.–mayo vivaz ☠

La raíz contiene diversas sustancias que son espasmolíticas, analgésicas, antiinflamatorias y que alivian dolores de cabeza tensivos y la migraña. La medicina popular recurre al extracto, pues la forma silvestre contiene alcaloides pirrolizidínicos, que dañan el hígado. La fitoterapia moderna utiliza preparados de formas carentes de alcaloides.

Hábitat *Orillas de arroyos y ríos, zanjas, prados muy húmedos. Sobre suelos ricos en nutrientes. Europa, O de Asia.*

> ***la inflorescencia aparece mucho antes que las hojas***
> ***hojas de h. 90 cm de ancho con pecíolo de 150 cm de altura***

43

¿Lo sabía?

El nombre científico del género le viene de Dioscórides, un médico griego: las grandes hojas le recordaban un paraguas (del griego petasos). Totalmente desaconsejada la automedicación con esta planta.

Pulsatilla pratensis

Pulsatilla pratensis ssp. *pratensis* (Ranunculáceas)

f. Pulsatille des prés i. Small Pasque flower a. Wiesen Küchenschelle

a 200-700 cm abr.-mayo vivaz ☠

***Hábitat** Céspedes secos, pinares claros. Sobre suelos arenosos. C y E de Europa.*

> ***flores siempre solitarias e inclinadas***
>
> ***hojas basales vellosas, 2-3 veces pinnadas; hojas caulinares soldadas por la base***

Sólo es venenosa la planta fresca. Las partes aéreas se utilizan actualmente en homeopatía para un espectro relativamente amplio de dolencias. La medicina popular trataba con ella los espasmos de la zona genital, migrañas y dermatitis, y con la hierba seca trastornos digestivos y enfermedades de los ojos.

Granado

Punica granatum (Punicáceas)

c. Magraner e. Punisagarrondo g. Milingrandeira p. Romeira f. Grenadier it. Melograno i. Pomegranate a. Granat-Apfel

a 2-7 m mayo-sept. arbusto

***Hábitat** Originaria del SO de Asia, asilvestrada en torno al Mediterráneo.*

> ***semillas dentro de un fruto carnoso, jugosos y comestible***
>
> ***hojas opuestas, coriáceas, ovales***

La granada es un fruto comestible, símbolo de la fertilidad. En la corteza del tronco y las raíces hay un 20% de taninos y otras sustancias. Uno de los alcaloides, la isopelerina, paraliza la musculatura de las tenias. A continuación se administraba un purgante para expulsar el parásito del intestino. Debido a los peligrosos efectos secundarios, se ha dejado de usar en la actualidad.

Ruibarbo

Rheum palmatum (Poligonáceas)

c. Ruibarbre p. Ruibarbo f. Rhubarbe it. Rabarbaro i. Rhubarb a. Rhabarber

a 100–250 cm mayo–jun. vivaz

Es bastante conocida la compota agridulce de los pecíolos del ruibarbo, pero no se trata del "ruibarbo medicinal" que aquí aparece. Sus raíces contienen diversos glucósidos y flavonoides. La infusión estimula el apetito y alivia las molestias gastrointestinales. En concentraciones más altas es un purgante suave. En diluciones homeopáticas se receta para enfermedades con diarreas y la dentición.

Hábitat *Originaria de China, introducida como ornamental y medicinal en Europa.*

> ***flores con 6 brácteas involucrales***
> ***hojas grandes, palmatilobuladas, con largos pecíolos***

45

Consejo de salud

Para el estreñimiento: la raíz, adquirida en farmacias o herbolarios, se hierve en agua (1/2 c. de ruibarbo por taza) se cuela tras 10–15 minutos y se bebe fría. La infusión sólo puede consumirse tras consultarlo con el médico.

Acedera, vinagrera

Rumex acetosa (Poligonáceas)

c. Agrella e. Gazigarratz g. Aceda p. Vinagreira f. Oseille des prés it. Romice i. Common sorrel a. Grosser Sauerampfer

a 30–100 cm mayo–jul. vivaz

***Hábitat** Prados, pastos, comunidades de malas hierbas en orillas de ríos y arroyos. Sobre suelos ricos en nutrientes. Hemisferio norte.*

> ***plantas masculinas y femeninas***
> ***6 brácteas involucrales, 3 de ellas claramente más grandes con la fructificación***

La medicina oficial no la receta. La homeopatía y la medicina popular utilizan la hierba fresca desde hace tiempo como remedio contra los trastornos digestivos y las enfermedades infecciosas. Eran apreciadas las ensaladas de hojas frescas como cura primaveral para purificar la sangre, pero su contenido en ácido oxálico, que es tóxico, impide que abunde en la comida.

Siempreviva mayor

Sempervivum tectorum (Crasuláceas)

c. Consolva e. Teilatuetako betibizia p. Alcachofra-dos-telhados f. Joubarbe des toits it. Semprevivo maggiore i. Houseleek a. Gewöhnliche Hauswurz

a 15–50 cm jul.–sept. vivaz

***Hábitat** Lugares secos y rocosos. De los Alpes a los Pirineos, pero plantada con frecuencia.*

> ***plantada en los tejados para proteger de los rayos***
> ***hojas caulinares adpresas***
> ***numerosas flores, en inflorescencias terminales***

Es una antigua tradición plantarla en los tejados. Ya los romanos lo hacían y en la Edad Media se creía firmemente que protegía de los rayos. Las hojas son carnosas y contienen taninos, mucílagos y diversos ácidos vegetales. El jugo fresco, colocado sobre heridas como quemaduras, lesiones o picaduras de mosquitos, refresca.

Cardo mariano

Silybum marianum (Asteraceae)

c. Cardot e. Astalikardua g./p. Cardo leiteiro f. Chardon-Marie i. Milk thistle
it. Carduo mariano a. Gewöhnliche Mariendistel

a 30–150 cm abr.–ag. bienal

Los piadosos hombres de la Edad Media veían en los dibujos blancos la leche de la Virgen. En la cubierta de la semilla se halla la silimarina, un compuesto. Durante mucho tiempo, los capítulos se usaron sobre todo contra las depresiones. Las hojas carecen de silimarina y se recetaban contra los trastornos del hígado y la vesícula. Actualmente la fitoterapia usa la silimarina en preparados contra las lesiones hepáticas y en enfermedades agudas del hígado, especialmente como preventivo.

Hábitat *Arcenes y yermos con comunidades de malas hierbas. SO de Asia, zona mediterránea, plantada en Europa central.*

> ***roseta foliar bienal, con claros dibujos blancos***
> ***los capítulos aparecen el 2º año***

Consejo de salud

Para trastornos digestivos leves: se vierte agua hirviendo sobre 1 c. de semillas machacadas por taza. Pasados 15 minutos se cuela y se bebe caliente. Algunas hojas de menta piperita mejoran el sabor y los efectos.

Marrubio negro

Ballota nigra (Lamiáceas)

c. Malrubí negre e. Marrubi beltz g./p. Marroio-negro f. Ballote it. Ballota nera i. Black horehound a. Langzähnige Schwarznessel

a 30–100 cm jun.–sept. vivaz

Hábitat *Caminos, vallados, yermos. En comunidades de malas hierbas sobre suelos ricos en nutrientes. Europa, O de Asia, N de África, Norteamérica.*

> ***flores superiores no dispuestas en verticilastros***
> ***tallos cuadrangulares, pelosos***
> ***planta con olor desagradable***

Parece que su desagradable olor intimida al hombre y tal vez por eso la medicina popular la ha recetado tan raramente. Se usó con toses espasmódicas, para calmar en casos de histeria, espasmos estomacales, náuseas y, externamente, contra la gota. Las diluciones homeopáticas de marrubio fresco (con el nombre de *Ballota foetida*) se usan contra trastornos del sueño.

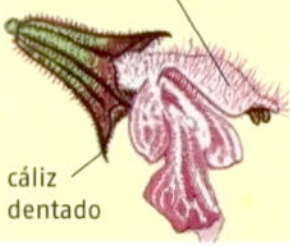

Aristoloquia hueca

Corydalis cava (Fumariáceas)

f. Corydalis creuse it. Giacinto selvatico i. Holwortel a. Hohler Lerchensporn

a 10–30 cm marz.–mayo vivaz ☠

Hábitat *Hayedos herbosos y otros bosques planifolios, de ribera, jardines. C de Europa, rara en el O y el N.*

> ***flores en racimos erguidos***
> ***pétalo superior con un largo espolón***
> ***hojas caulinares***

El tubérculo es venenoso y contiene diversos alcaloides. Antes, la medicina popular lo usaba como anestésico y servía para expulsar las tenias y facilita la menstruación. Se ha demostrado que actúa como calmante del sistema nervioso central y aparece en preparados contra la excitación nerviosa y los trastornos del sueño.

Fresnillo, tarraguillo

Dictamnus albus (Rutáceas)

c. Lletimó e. Odol-belarr f. Fraxinelle it. Dittamo i. Burning bush a. Diptam

a 60–120 cm mayo-jun. vivaz ☠

Es una planta venenosa que puede producir también reacciones intensas a la luz en contacto con la piel. Las primeras noticias sobre él como planta medicinal proceden de Hildegarda de Bingen. Lo considera "cálido y seco" y lo receta para las dolencias cardíacas, etc. La medicina popular usa las hojas para curar heridas, favorecer la menstruación y contra el reuma.

Hábitat *Linderos de bosques, laderas rocosas, bosques claros. Sobre suelos calcáreos secos. Centro y sur de Europa, Asia Menor.*

> ***hojas con 3–5 pares de folíolos***
>
> ***pelos glandulares negros, muy olorosos***

¿Lo sabía?

Destaca por las esencias volátiles de los pétalos. En lugares muy cálidos se inflaman directamente sobre la planta y de ahí procede el nombre de "zarza ardiente" que recibe en diversas lenguas. Debido a la toxicidad está prohibida la automedicación.

Dedalera, digital

Digitalis purpurea (Escrofulariáceas)

c. Digital purpúria e. Kukupraka g./p. Dedaleira f. Digitale it. Digitale i. Foxglove a. Roter Fingerhut

a 40–150 cm jun–ag. bienal–vivaz

Hábitat *Calveros, arcenes y claros en bosques. Sobre suelos ácidos y laxos. O de Europa.*

> **tallos erguidos, sin ramificar, afieltrados**
> **roseta foliar el 1er año, con flores el 2º año**

El interesantísimo efecto de la planta se descubrió recientemente y la medicina popular apenas si la ha usado. Las hojas secas contienen glucósidos digitálicos, saponina, etc. La digitoxina la receta la medicina oficial contra la insuficiencia cardíaca. Anteriormente el paciente tenía que recurrir a un extracto completo. Se graduaba partiendo de una cantidad de sustancia activa específica para él. Actualmente se usan exclusivamente los glucósidos purificados.

¿Lo sabía?

La dedalera ha hecho una magnífica carrera como planta medicinal. Los monjes irlandeses de la Alta Edad Media la recomendaban en caso de úlceras, dolores de cabeza y parálisis. En 1786, el médico inglés William Withering descubrió el efecto de la planta sobre el corazón.

Fumaria

Fumaria officinalis ssp. *officinalis* (Fumariáceas)

c. Fumària e. Negakin g. Herba do fogo f. Fumeterre it. Cresta di gallo i. Fumitory a. Gewöhnlicher Erdrauch

a 15-30 cm mayo-oct. anual

Las partes aéreas secas contienen diversos alcaloides. La fitoterapia la receta para los espasmos de la vesícula biliar, y la medicina popular la usa también para el estreñimiento, enfermedades hepáticas, dolencias de la vejiga y reuma. En la Antigüedad era un buen remedio contra la melancolía y también en la medicina árabe.

Hábitat *Macizos de malas hierbas, campos, jardines, yermos. Europa h. Asia central.*

> **indicadora de nutrientes**
> **flores en racimos erguidos**
> **sépalos dentados**

Regaliz

Glycyrrhiza glabra (Fabáceas)

c. Regalèssia e. Gotxerro g./p. Alcaçuz f. Réglisse it. Liquirizia i. Liquorice a. Lakritze

a 50-100 cm mayo-sept. vivaz

De la raíz se obtiene la materia prima para fabricar el regaliz (glicirricina). Esta sustancia deshace la mucosidad tenaz al toser y alivia la inflamación de la mucosa gástrica. El consumo abundante de regaliz es perjudicial, pues la glicirricina interfiere en el metabolismo hormonal.

Hábitat *Originario de la zona mediterránea oriental, SE de Asia.*

> **raíz amarilla por dentro, dulce de sabor**
> **hojas pinnadas**
> **folíolos oblongo ovales, de envés viscoso**

Agripalma

Leonurus cardiaca (Lamiáceas)

c. Herba del mal de cor e. Bihotz-belar f. Agripaume it. Cardiaco i. Motherwort a. Echtes Herzgespann

a 30–100 cm jun.-sept. vivaz

Hábitat *Macizos de malas hierbas junto a caminos, setos, jardines. Sobre suelos ricos en nutrientes. Europa, Asia.*

> ***flores bilabiadas en densas inflorescencias***
> ***hojas inferiores como en los arces***
> ***hojas superiores apenas pecioladas o sentadas***

En las partes herbáceas de la planta hay sustancias activas muy diferentes (principios amargos, betaína, flavonoides, etc.). Son hipotensoras, espasmolíticas y aumentan las contracciones uterinas. Tanto la medicina popular como la oficial la recetan para trastornos cardíacos nerviosos, hipertiroidismo y menopausia.

Poleo

Mentha pulegium (Lamiáceas)

c. Poliol d'aigua e. Txortalo g. Poenxo p. Poejo f. Menthe poullot it. Puleggio i. Pennyroyal a. Polei-Minze

a 10–50 cm jun.-sept. vivaz

Hábitat *Riberas húmedas. Originaria de la zona mediterránea, extendida a Europa, SO de Asia y el N de África.*

> ***planta de olor aromático***
> ***cáliz bilabiado***
> ***hojas ovales, de enteras a toscamente dentadas***

A diferencia de su pariente, la menta piperita, el poleo contiene una esencia venenosa, la pulegona. La medicina popular usaba la hierba para los trastornos nerviosos y las dolencias del hígado y la vejiga y trastornos menstruales. En altas concentraciones se usa como abortivo (en estos casos era muy habitual que se produjera la muerte).

Menta piperita

Mentha piperita (Lamiáceas)

c. Menta piperita e. Mendafina p. Hortelã-pimenta f. Menthe poivrée it. Menta piperina i. Peppermint a. Pfeffer-Minze

a 30–90 cm jun.–ag. vivaz

Al parecer, su sabor característico lo conocían ya los egipcios: se han hallado restos en tumbas que se remontan al 1200 a. C. El mentol, el componente principal de la esencia, es el responsable de los efectos espasmolíticos y tranquilizantes que se producen en el conducto gastrointestinal. Usado como estimulante, en forma de infusión o externamente, es apreciado tanto por la medicina oficial como por la popular.

Hábitat *Sólo en jardines o cultivada, a veces asilvestrada.*

> ***híbrido natural de origen incierto***
>
> ***división sólo posible a través de estolones***

Consejo de salud

La infusión hecha con las hojas secas alivia el estómago: se vierte agua hirviendo en 1 C. de hojas por taza, se deja en reposo 5–10 minutos y se cuela. Se toma varias veces al día una taza recién preparada.

Monarda didyma

Monarda didyma (Lamiáceas)

it. Erba bergamotto i. Bee balm a. Schlarch-Indianeressel

a 50–90 cm jul-sept. vivaz

Hábitat *Originaria de Norteamérica, introducida en Europa como planta ornamental.*

- ***en jardines se hallan varias formas***
- ***especie silvestre con flores escarlata***
- ***hojas superiores teñidas de rojo***

Muchos sólo la conocen como planta ornamental de jardín. En América, de donde procede, es una planta medicinal aperitiva y relajante estomacal. Los responsables son los aceites esenciales de las hojas y las flores. Los taninos de la planta sirvieron para limpiar las heridas. Las flores son comestibles y adornan las ensaladas veraniegas.

Hierba gatera, nébeda

Nepeta cataria (Lamiáceas)

c. Nepta e. Katu-belar g. Herba gateira p. Erva-gateira f. Herbe aux chats it. Gattaia i. Catnip a. Gewöhnliche Katzenminze

a 40–100 cm jul.-sept. vivaz

Hábitat *Macizos de malas hierbas en yermos, arcenes, muros. Extendida desde el SE de Europa y O de Asia a Europa.*

- ***planta aromática***
- ***envés de las hojas con cortos pelos grises***
- ***puede atraer a los gatos***

Al igual que la valeriana, atrae a los gatos, pero con otras sustancias. Las hojas contienen un aceite esencial y principios amargos. La medicina popular los utilizaba contra los trastornos digestivos y en casos de enfriamiento como sudorífico y para bajar la fiebre. Un herbario irlandés del s. XVIII la receta para las contusiones y la disnea.

Albahaca

Ocimum basilicum (Lamiáceas)

c. Alfàbrega e. Albaka p. Alfádega f. Basilic it. Basilico i. Basil a. Basilikum

a 20–50 cm jun.–sept. anual

Se la conoce casi sólo como digestiva. A ello contribuye que un componente del aceite esencial perjudique las células, pero no fue siempre así. En India es una planta sagrada, los antiguos egipcios y griegos la conocían (del griego *basilikós*: real) y durante el Imperio romano se usaba como planta culinaria y medicinal contra trastornos digestivos y envenenamientos. No deben usarla como medicinal las embarazadas, lactantes, niños pequeños, inofensiva como condimento.

***Hábitat** originaria de India, cultivada como medicinal en todo el mundo.*

> ***planta aromática***
> ***hojas brillantes, de enteras a dentadas***

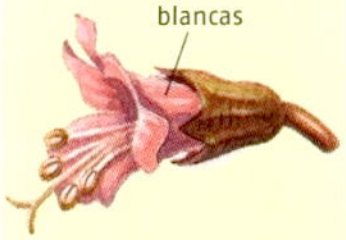

Consejo de salud

El sabor de la planta destaca sobre todo en el pesto: se majan hojas de albahaca con aceite de oliva en un mortero y posteriormente se añaden piñones y ajo. El pesto se puede congelar.

Gatuña

Ononis spinosa (Fabáceas)

c. Gaó e. Ixiokorri g. Gatunha f. Bugrane it. Bonaga it. Arrestabue i. Spiny Restharrow a. Dornige Hauhechel

a 30–60 cm jun.-jul. semiarbusto

Hábitat *Pastos y prados pobres en nutrientes, arcenes. Frecuente en suelos calcáreos. O, C y S de Europa.*

> ***raíz axonomorfa profunda***
> ***semiarbusto con sólo la base leñosa***
> ***hojas inferiores trifoliadas, las superiores simples***

La raíz contiene flavonoides, un aceite esencial, onocol, taninos, etc. Dioscórides, médico griego, conocía sus efectos diuréticos. La medicina oficial y la popular lo utilizan con esa finalidad. La infusión de la planta limpia las vías urinarias inflamadas e impide la formación de cálculos urinarios. En medicina popular, la infusión sirve para el reuma y la gota.

Consejo de salud

Infusión para la vejiga: se vierte agua hirviendo sobre 2 c. de la raíz triturada, se mantiene caliente y se cuela pasados 20–30 minutos. No es para pacientes que padecen de edemas.

Compañón, salep

Orchis morio (Orquidáceas)
c. Pentecosta g. Coilóns de can p. Erva-do-salepo f. Orchis male it. Giglio caprino i. Male orchid a. Kleines Knabenkraut

a 10–40 cm abr.-jun. vivaz

Al tubérculo de esta orquídea y al de otras se le llamaba salep. Contiene mucílagos y almidones vegetales. El mucílago aliviaba las molestias en casos de tos, inflamaciones de la boca y la garganta, acidez y trastornos digestivos. Los niños la toman en caso de diarreas fuertes. En medicina popular, el tubérculo servía de afrodisíaco. Se parece a un testículo.

Hábitat *Prados y céspedes secos y pobres en nutrientes. S a C de Europa, N de África, O de Asia.*

> ***planta protegida***
> ***hojas superiores como vainas***
> ***pétalos superiores con rayas verdes***

57

Mejorana de Creta

Origanum dictamnus (Lamiáceas)
c. Díctam de Creta f. Origan dictam it. Dittamo di Candia i. Hop marjoram a. Diptam-Dost

a 10–20 cm jun.-sept. arbusto

Sólo crece silvestre en Creta y allí la medicina popular la considera panacea. El aceite esencial contiene pulegona, que es tóxica. La infusión de las hojas secas se administra bebida o en gárgaras para los trastornos gastrointestinales, menstruales e inflamaciones de la boca y la garganta. Actualmente hay mejores alternativas.

Hábitat *Endémica en Creta, grietas en peñas, roquedos y graveras.*

> ***planta aromática***
> ***plantada en Inglaterra para hacer infusiones***
> ***las brácteas cubren a las flores como escamas***

Mejorana

Origanum majorana (Lamiáceas)

c. Marduix e. Mendaroa p. Manjerona f. Marjolaine it. Maggiorana i. Sweet marjoram a. Majoran

a 20–60 cm jul.-sept. anual-bienal

Hábitat *Originaria del N de África y SO de Asia, plantada por su valor culinario muchas veces.*

> ***usada sobre todo en la cocina***
> ***hojas aromáticas al ser trituradas y flores como escamas***

En la Antigüedad, esta planta estaba consagrada a Afrodita como afrodisíaco. Además, se agregaba al vino y en la actualidad se aliñan sobre todo los embutidos con ella. Como planta medicinal es principalmente aperitiva, digestiva y antiflatulenta. Mientras que su uso como condimento es totalmente inofensivo, han surgido dudas sobre su eficacia como planta medicinal. Asimismo, se desaconseja utilizar durante mucho tiempo las pomadas contra los resfriados para niños provistas de mejorana.

Consejo de salud

Baño de mejorana para resfriados y bronquitis: se ponen 6 gotas de esencia de mejorana en el agua del baño cuando mana y se respira el vapor. Se obtiene una mezcla mejor si se mezcla la esencia con nata y se añade luego al agua.

Orégano

Origanum vulgare ssp. *vulgaris* (Lamiáceas)

c. Orenga e. Aitz-bedarr g. Ourego p. Ourégão f. Origan it. Origano i. Wild marjoran a. Gewöhnlicher Dost

a 20-60 cm jul.-sept. vivaz

Por su aroma y valor culinario se parece a la mejorana. En la hierba hay un aceite esencial con composición diferente, taninos y flavonoides. La medicina popular receta las partes aéreas secas en los trastornos digestivos, enfermedades de las vías respiratorias, en gargarismos y como aperitiva.

Hábitat *Céspedes secos y semisecos. Lugares soleados. Europa, Asia.*

> **tallos teñidos de rojo**
> **hojas opuestas, con puntos glandulares**

hojas opuestas

flores en densas cabezuelas

corola de 4-7 mm de l.

Ajedrea de jardín

Satureja hortensis (Lamiáceas)

c. Sajolida e. Azitraia p. Segurelha f. Sarriette it. Santoreggia i. Savory a. Sommer-Bohnenkraut

a 10-25 cm jul.-oct. anual

Aunque se conoce sobre todo como condimentaria, el nombre científico procede del latín *saturare*: saciar, pues los antiguos romanos la utilizaban como verdura. Desde el s. IX se cultiva en monasterios al N de los Alpes. Es aperitiva y digestiva.

Hábitat *Originaria de la zona mediterránea oriental. Cultivada en Europa sobre todo como planta culinaria.*

> **planta con ramificación densa**
> **aromática**
> **hojas con cortos pecíolos**

flores de lila rojizas a blancas

hojas opuestas, estrechas

flores labiadas, de sólo 5 mm de l.

Ajedrea, hisopillo

Satureja montana (Lamiáceas)

c. Sajolida de bosc e. Azitraia f. Sarriette des montaignes it. Santoreggia perenne i. Winter savory a. Winter-Bohnenkraut

a 10–40 cm jul.-oct. vivaz

Hábitat *Roquedos, herbazales secos. S de Europa, cultivada sobre todo como culinaria en el C de Europa.*

> ***arbusto enano, con la base ramificada***
> ***aromática***
> ***hojas sentadas***

Esta especie plurianual contiene los mismos aceites esenciales que su pariente anual, la ajedrea de jardín. Ambas tienen las mismas indicaciones. La medicina popular la usa como antiflatulenta y antidiarreica y, en gargarismos, para las inflamaciones de la garganta.

Betónica

Stachys officinalis (Betonica o.) (Lamiáceas)

c. Sajolida de bosc e. Otondobelar g./p. Betónica f. Bétoine officinale i. Betony a. Echter Ziest

a 30–100 cm jul.-ag. vivaz

Hábitat *Brezales, prados cenagosos, de montaña. Europa, O de Asia, N de África.*

> ***flores labiadas, en espigas densas***
> ***hojas basales con largos pecíolos, las superiores casi sentadas***

Se sigue usando todavía con el nombre antiguo de *Betonica herba,* aunque se receta raras veces. Alivia diarreas, catarros de las vías respiratorias, asma y, externamente, las heridas. El autor romano Plinio escribe que los médicos, en caso de duda ante una enfermedad, siempre la recetan y el médico de cámara del emperador Augusto consideraba que lo curaba todo.

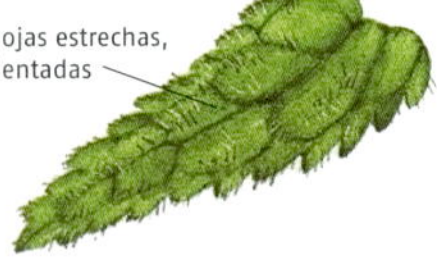

Camedrio, encinilla

Teucrium chamaedrys (Lamiáceas)

c. Camedris e. Axarioa p. Carvalhinha f. Germandrée petit-chêne it. Querciola i. Wall germander a. Edel-Gamander

a 15–50 cm jul.–ag. arbusto enano ☠

Hábitat *Céspedes secos, laderas, sobre suelos calcáreos pobres en nutrientes. C y S de Europa, NO de África, SO de Asia.*

La hierba en flor seca contiene aceites esenciales, glucósidos, etc. La medicina popular la usó durante mucho tiempo como aperitiva y digestiva, aliviaba los trastornos gastrointestinales y era un remedio para la gota. Sin embargo, la medicina oficial desaconseja su uso, pues es perjudicial para el hígado.

> **planta aromática al triturarla**
> **forma estolones**

1–6 flores en las axilas foliares superiores

hojas con la base cuneiforme

corola de 10–15 mm de l.

Maro

Teucrium marum (Lamiáceas)

c. Herba dels gats e. Aindurriña p. Erva forte f. Germandrée marum i. Marum a. Amberkraut

a 20–50 cm abr.–ag. arbusto

Hábitat *Islas del Mediterráneo occidental, maquias siempre verdes.*

Los aceites esenciales de esta planta mediterránea tienen una composición diferente a la de *T. chamaedrys*. La medicina popular la receta como espasmolítico en trastornos del estómago, los intestinos y la vesícula. Actualmente se usa en preparados homeopáticos para las inflamaciones de las vías respiratorias altas y bajas.

> **arbusto de olor intenso**
> **envés de las hojas gris afieltrado**
> **inflorescencia espiciforme**

inflorescencia espiciforme

flores en las axilas foliares

tallos con pelos afieltrados

hojas opuestas

flores de 10 mm de l.

Serpol

Thymus pulegioides (Lamiáceas)

c. Serpoll e. Txerpol g. Tomelo p. Serpão f. Serpolet it. Timo serpillo i. Wild thyme a. Arznei-Thymian

a 5-40 cm jun.-oct. semiarbusto

Hábitat *Pastos y prados secos, pobres en nutrientes, pinares. Sobre suelos poco calcáreos. Europa.*

> ***planta de base leñosa***
> ***tallos cuadrangulares, de rastreros a ascendentes***

Las partes herbáceas se recolectan en la época de floración. El serpol contiene menos aceite esencial que el tomillo, pero la medicina popular lo ha utilizado a menudo. Sobre todo se usó como antitusivo. Como condimento, estimula el apetito y remedia los trastornos gastrointestinales, pues las hojas contienen taninos. En la Edad Media era una “hierba de mujeres”, pues alivia las reglas dolorosas, aumenta el deseo sexual y mejora la disposición para concebir.

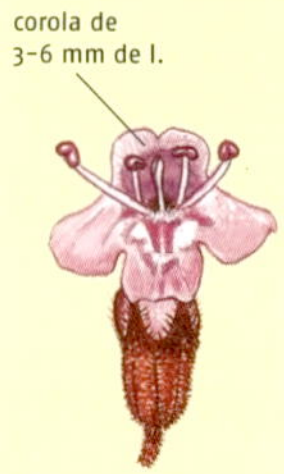

Consejo de salud

Un extracto con alcohol para dar friegas contra los dolores reumáticos, musculares y la artritis: se ponen 20 g de la hierba en ¼ de alcohol de 70° (farmacia) y dejamos que macere durante 10 días.

Tomillo

Thymus vulgaris (Lamiáceas)
c. Farigola e. Erle bedarr g. Tomiño p. Tomilho f. Thym it. Timo
i. Thyme a. Echter Thymian

a 10–30 cm abr.-jul. arbusto

Tanto fresca como seca es una planta mediterránea muy apreciada que, gracias a sus propiedades digestivas, se añade a los platos grasos. El aceite esencial de las hojas es el timol, causante del olor característico. El médico griego Hipócrates ya la conocía como medicinal y aparece en los herbarios del s. XVI Es un remedio para la tos y los trastornos digestivos; forma parte de colutorios. No debe usarse mucho tiempo a dosis elevadas.

Hábitat *Originaria de la zona mediterránea occidental, plantada en Europa por sus virtudes medicinales y culinarias.*

> ***arbusto enano con la base leñosa***
> ***hojas sentadas, aromáticas***

Consejo de salud

Baño de tomillo ante un resfriado inminente: se vierte 1 litro de agua hirviendo sobre 100 g de la planta seca; se deja reposar 10–15 minutos y luego se cuela en el agua caliente del baño. Hay que sumergirse 10–15 minutos respirando los vahos o vapores y luego descansar.

Pie de liebre

Trifolium arvense (Fabáceas)

c. Peu de llebre p. Pé-de-lebre i. Rabbit-foot clover a. Hasenklee

a 10–30 cm jun.-sept. anual

Hábitat *Céspedes pobres, arenales, campos, arcenes. Europa, N de África, O de Asia.*

> ***hojas al principio blancas, luego rosas***
> ***cáliz peloso***
> ***hojas trifoliadas, folíolos estrecho ovales***

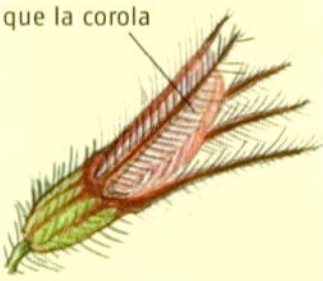

Raras veces se ha usado como medicinal. La hierba en flor contiene taninos, un aceite esencial y resinas. La medicina popular la usa contra la gota, pero sobre todo con las diarreas fuertes. Se utilizó en la posguerra por esta propiedad. La hierba recogida en verano es la que se usa para los preparados homeopáticos.

Trébol

Trifolium pratense (Fabáceas)

c. Trèvol de prat e. Hirsuta gorria g. Trevo rubio p. Trevo-dos-prados f. Trèfle des prés it. Trifoglio pratense i. Red clover a. Wiesen-Klee

a 15–40 cm jun.-sept. vivaz

Hábitat *Prados, pastos. Sobre suelos ricos en nutrientes. Europa, Asia.*

> ***raíces de h. 2 m de profundidad, tubérculos radicales***
> ***cabezuelas de esféricas a ovadas***

La medicina popular usaba las cabezuelas floridas para curar enfermedades crónicas de la piel como el eczema, psoriasis, tos ferina y úlceras. Las flores contienen compuestos aromáticos y ácidos vegetales. El dibujo blanco de los folíolos recuerda a alteraciones en los ojos, por lo que, según la teoría de la signatura, se usaba contra las cataratas.

Capuchina

Tropaeolum majus (Tropeoláceas)

c. Caputxina g./p. Papagaios f. Capucine grande it. Nasturzio i. Nasturtium a. Grosse Kapuzinerkresse

trepadora o rastrera jun.-oct. anual

Procede de los Andes, donde se usaba la hierba fresca para desinfectar las heridas y fomentar su curación. Como expectorante favorece la eliminación de mucosidades que llenan las vías respiratorias. Las hojas contienen glucósidos de mostaza, de los que se libera por disociación el aceite de mostaza bencilado, de efectos antimicrobianos. La sustancia inhibe la división de las bacterias y el crecimiento de hongos. Por eso se receta para los catarros de las vías respiratorias altas e inflamaciones de las vías urinarias. No debe administrarse en caso de úlcera gastrointestinal, enfermedades renales ni en niños pequeños.

Hábitat *Originaria del N de Sudamérica, frecuentemente plantada como ornamental.*

> ***trepa con los cabillos de las hojas y de las flores***
> ***flores y hojas comestibles***
> ***introducida en Europa el año 1684***

flores juntas con diferentes colores

flores de amarillas a rojas

pétalos inferiores con flecos

hojas peltadas

Consejo de salud

Como las hojas contienen aprox. 300 mg de ácido ascórbico (vitamina C) por 100 g de peso fresco, es apropiada para servir en ensaladas de hierbas finamente picadas. Las flores son comestibles y decorativas.

Hierba del ajo

Alliaria petiolata (Brasicáceas)

c. Al·liària e. Baratxuri g. Erva alleira p. Erva-dos-alhos f. Alliaire it. Alliaria i. Garlic mustard a. Gewöhnliche Knoblauchsrauke

a 20–100 cm abr.-jun. anual

Hábitat *Herbazales, márgenes de bosques, setos, jardines, parques. Sobre suelos ricos en nutrientes. Europa, NO de África, SO de Asia.*

> ***las hojas trituradas huelen a ajo***
> ***hojas inferiores arriñonadas***

Se usa la hierba fresca como medicina y condimento. La medicina oficial no la tiene en cuenta en absoluto. La medicina popular hace uso del leve efecto antibiótico de los glucósidos del aceite de mostaza o glucosinolatos: se utiliza con las heridas difíciles de curar y en gargarismos para las inflamaciones bucales. Como contiene mucha provitamina A y vitamina C, es muy apropiada para las ensaladas de hierbas.

Consejo de salud

Las hojas frescas pueden recogerse desde la primavera h. el otoño y son un buen acompañante, finamente picadas, de las ensaladas verdes y multicolores: les dan un leve sabor a ajo sin que el consumidor despida ese olor.

Rábano rusticano

Armoracia rusticana (Brasicáceas)

c. Rave rusticà e. Bichaleka g./p. Mostarda-dos-monges f. Raifort it. Barbaforte i. Horseradish a. Gewöhnlicher Meerrettich

a 60-120 cm mayo-jul. vivaz

El sabor picante recuerda el aceite de mostaza. La planta es diurética y favorece la digestión y el riego sanguíneo. La raíz se usa en medicamentos contra la gripe y en infecciones de las vías urinarias. En medicina popular tiene muchos usos externos: reuma, heridas, picaduras de insectos, dolores de cabeza. No debe usarse si se tienen úlceras gastrointestinales o dolencias renales.

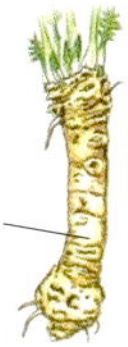

Hábitat *Yermos, comunidades de malas hierbas, zanjas, jardines. Sobre suelos ricos en nutrientes, asilvestrado de los cultivos.*

> ***silículas casi esféricas***
> ***hojas basales de h. 1 m de largo***
> ***racimos con muchas flores***

Bolsa de pastor

Capsella bursa-pastoris (Brasicáceas)

c. Bosses de pastor e. Artzain-zakua g. Herba dos dentes p. Erva-do-bom-pastor f. Bourse de capucin it. Borsacchina i. Shepherd's purse a. Gewöhnliches Hirtentäschel

a 10-70 cm en.-dic. anual-bienal

Es una hierba insignificante que se descubre tan pronto como aparecen los frutos. Las partes verdes contienen flavonoides, diversas sales y ácidos vegetales, así como un péptido hemostático. Esta propiedad se conocía de antiguo y por eso se usó para curar heridas superficiales y hemorragias sanguíneas y uterinas. En medicina popular, la infusión se usa para purificar la sangre.

Hábitat *Yermos, comunidades de malas hierbas, jardines, lindes de campos. Sobre suelos ricos en nutrientes. Casi todo el mundo.*

> ***indicadora de nitrógeno***
> ***planta pionera***
> ***h. 40 000 semillas por planta***

Berro de prado

Cardamine pratensis (Brasicáceas)

c. Creixen de prat e. Xanpor g. Agrión de prado p. Agrião-dos prados f. Cresson des prés it. Billeri i. Lady's smock a. Wiesen-Schaumkraut

a 10–60 cm abr.-jun. vivaz

Hábitat *Prados y pastos de siega húmedos, bosques de ribera, orillas, prados cenagosos. Hemisferio norte.*

> ***apéndices espumosos***
> ***flores blancas, rosas o violetas***

A veces aparece con masas espumosas en las que se desarrollan unas larvas de cigarra (cercópidos). La homeopatía lo usa en tratamientos de apoyo en terapias contra la diabetes. En medicina popular era importante por el contenido relativamente elevado de vitamina C de las hojas. Se añadían a las ensaladas y servían para purificar la sangre.

Hierba de las cucharas

Cochlearia officinalis (Brasicáceas)

c. Coclearia g. Herba das culleres p. Erva-das-colheres f. Herbe aux cuillières it. Erba cocchiara i. Spoonwort a. Echtes Löffelkraut

a 20–50 cm mayo-jun. bienal-vivaz

Hábitat *Céspedes salinos en la costa del Mar del Norte y Báltico, asilvestrada de los cultivos.*

> ***hojas verdes en invierno***
> ***tallos angulosos y asurcados***
> ***hojas basales carnosas***

Los marineros la apreciaban por su elevado contenido en vitamina C, pues era un buen remedio contra el escorbuto (hierba del escorbuto). En medicina popular se la consideraba aperitiva y diurética y se usaba en casos de inapetencia, gota, reuma y trastornos estomacales. También se ponían sus hojas machacadas sobre las úlceras.

Bonetero, evónimo

Euonymus europaeus (Celastráceas)

c. Evònim e. Basaerramua g./p. Arbore-da-rabia f. Bonet de prêtre it. Beretta da preste i. Spindle tree a. Gewöhnliches Paffenhütchen

a 1,50–3 m   mayo–jun.   arbusto   ☠

Los atractivos frutos contienen glucósidos cardiotónicos, alcaloides y principios amargos, taninos y lectina. En medicina ya no se usan los frutos debido a su toxicidad, pero sí que se elaboran preparaciones homeopáticas con ellos. Antes se usaban en dolencias cardíacas, pero más importante era su uso contra parásitos tales como piojos y aradores de la sarna.

Hábitat *Márgenes de bosques, setos, bosques de ribera, orillas de arroyos. Sobre suelos ricos en nutrientes. Europa, Asia Menor.*

> ***ramas jóvenes verdes, cuadrangulares, estrechamente aladas***
> ***hojas opuestas***

69

Fresno de flor

Fraxinus ornus (Oleáceas)

c. Freixe de flor e. Lizarkia p. Freixo-de-folhas-redondas f. Frêne à fleurs it. Orno i. Manna ash a. Blumen-Esche

a 6–15 m   abr.–mayo   vivaz

El maná de la Biblia sólo tiene en común el nombre con el maná del fresno. La savia seca de la corteza estaba muy solicitada en la Edad Media porque se creía que Venecia obtenía de Sicilia maná desde el s. IX. Su componente principal es un alcohol azucarado que se usa como laxante suave y sustituto del azúcar.

Hábitat *Bosques planifolios mixtos. S de Europa y Asia Menor.*

> ***cultivado en Sicilia***
> ***verde en verano***
> ***frutos lingüiformes, colgantes***

Aspérula olorosa

Galium odoratum (Rubiáceas)

c. Espunyidella d'olor e. Ziabelar usainduna f. Gaillet odorant it. Stellina odorosa
i. Sweet woodruff a. Waldmeister

a 15–30 cm mayo–jun. vivaz ☠

Hábitat *Sotobosque herboso de bosques planifolios y mixtos, sobre suelos sueltos y con abundante humus. Europa, Asia.*

> ***el olor característico se produce al secarse***

> ***añadida al ponche provoca dolores de cabeza si se consume en abundancia***

En un herbario irlandés del s. XVIII se recomienda como vulneraria contra furúnculos y úlceras. La hierba se recoge antes de la floración y contiene una sustancia que, al secarse, se convierte en cumarina, la cual pose un olor característico. La medicina oficial la ha introducido para tratar enfermedades venosas. Los usos medicinales populares son más amplios: ansiedad, insomnio, dolencias cardiacas, hemorroides. No debe administrarse junto con medicamentos para la circulación ni en caso de embarazo.

Consejo de salud

Poción somnífera: se vierte agua hirviendo en 1 c. de hierba por taza y se cuela pasados 5 minutos; se endulza con miel y se bebe enseguida. No debe consumirse en grandes cantidades.

Amor de hortelano, azotalenguas

Galium aparine (Rubiáceas)

c. Apegalós e. Zia-belar g./p. Rapa lingua f. Gaillet gratteron it. Attaccamano i. Goosegrass a. Gewöhnliches Kletten-Labkraut

a 60-200 cm jun.-oct. anual

En poblados del Neolítico se encontraron grandes cantidades de frutos; es probable que las recolectaran para cuajar la leche y hacer quesos. La medicina popular la usaba contra las dolencias cutáneas, úlceras internas y externas, y también como diurética y contra dolencias de la vejiga.

***Hábitat** Macizos de malas hierbas, márgenes de bosques, setos, yermos. Sobre suelos ricos en nutrientes. Casi mundial.*

> **trepa con sus cerdas ásperas y adherentes**
> **tallos blandos**
> **indicadora de limos**

flores de sólo 2 mm de an.

Carraspique

Iberis amara (Brasicáceas)

c. Matablat p. Assembleias f. Ibéris amer it. Raspo amaro i. Anual candytuft a. Gewöhnliche Schleifenblume

a 10-40 cm mayo-ag. anual-bienal ☠

La planta en flor estimula la secreción de jugos gástricos y biliares. También tiene propiedades antibióticas, pero es un poco venenosa debido a que contiene cucurbitacinas amargas. En homeopatía se recurre a las semillas en casos de trastornos del ritmo cardíaco e insuficiencia cardíaca. Ya se conocía en la Antigüedad.

***Hábitat** Lindes de campos, campos de cereales, viñedos. O y S de Europa, rara en la zona mediterránea. Planta ornamental.*

> **planta débilmente pelosa**
> **hojas oblongo cuneiformes, dentadas**

pétalos de diferente tamaño

Acebo

Ilex aquifolium (Aquifoliáceas)

c. Grèvol e. Gorostiya g. Xardón p. Azevinho-espinoso f. Houx it. Agrifoglio i. Holly a. Gewöhnliche Stechpalme

a 1–6 m mayo–jun. arbusto ☠

Hábitat *Bosques. Sobre suelos arenosos o pedregosos. O, S y C de Europa, NO de África.*

> ***la frontera oriental de la distribución atraviesa Alemania***
> ***flores masculinas y femeninas en plantas diferentes***

No fueron las bayas (venenosas), sino las hojas las que despertaron el interés de los médicos. En diluciones homeopáticas se prescriben en infecciones gripales, conjuntivitis y otras inflamaciones oculares. En medicina popular servía para bajar la fiebre y tratar el reuma y la bronquitis. Con el nombre inglés de *holly* se usa en la terapia floral de Bach contra la irritación y las agresiones.

Berro

Nasturtium officinale (Brasicáceas)

c. Creixen e. Ur-berro g. Berrago p. Agrião f. Cresson it. Crescione i. Watercress a. Echte Brunnenkresse

a 20–80 cm mayo–oct. vivaz

Hábitat *Arroyos, fuentes, zanjas. Sólo en aguas limpias. Casi todo el mundo.*

> ***también formas totalmente sumergidas***
> ***en parte verde en invierno***
> ***ya conocida como verdura de invierno en la Edad Media***

Las hojas contienen aceite de mostaza, vitamina C y minerales. En medicina popular son muy apreciadas y consumidas frescas en ensalada o como cura primaveral. Antes se usaban también contra el escorbuto. Despierta el apetito, estimula la digestion y es diurética y antibiótica. Aparece mencionada habitualmente en los herbarios medievales.

Olivo

Olea europaea (Oleáceas)

c. Olivera e. Olibondo g./p. Oliveira f. Olivier it. Olivo i. Olive a. Ölbaum

a 6-15 m mayo-jun. árbol

Aparece ya mencionado en la Biblia. En la zona mediterránea se conoce la infusión de las hojas, pero principalmente se usa el aceite: como lubricante contra el estreñimiento y mezclado con ajo en los dolores articulares y musculares. La medicina lo usa como vehículo de sustancias medicamentosas liposolubles y en dolencias de la piel, pero, sobre todo, el aceite de oliva es un producto alimenticio con un elevado contenido de ácidos grasos mono y poliinsaturados. En la terapia floral de Bach se recomienda *(olive)* contra el agotamiento.

Hábitat *Maquia siempre verde, sobre todo cultivado. Zona mediterránea.*

> ***planta cultivada desde antiguo***
> ***siempre verde***
> ***aceite muy saludable***

Consejo de salud

Vinagreta con aceite de oliva: se ponen en vinagre dos chalotas muy finas y dientes de ajo al gusto, se añade un poco de sal y pimienta negra. Se deja reposar por poco tiempo y luego se le añade aceite de oliva prensado en frío ("virgen extra").

Rábano

Raphanus sativus (Brasicáceas)

c. Ravenera e. Errefau g./p. Rabao f. Radis it. Radiccio i. Radish a. Rettich

a 30-80 cm mayo-oct. anual-bienal

Hábitat *Formas diferentes cultivadas en todo el mundo.*

> ***planta hirsuta***
> ***raíces muy diferentes según la clase***
> ***silicuas de h. 9 cm de l.***

La raíz fresca contiene glucósidos de aceite de mostaza y mucha vitamina C. Su zumo estimula la producción de jugos gástricos y biliares, y previene la formación de cálculos biliares. En medicina popular, el zumo de rábanos dulce es un remedio apreciado contra la tos. Con el rábano negro se hacen preparados homeopáticos para pieles grasas y enfermedades del conducto gastrointestinal. No debe usarse en caso de cálculos biliares ni de inflamación de las mucosas gástricas.

Consejo de salud

Jugo contra la tos: se ralla un rábano grande y se mezcla con 3-4 C. de miel. Se deja tapado en reposo unas 10 horas y luego se exprime. El jugo se toma a cucharadas.

Hierba de San Gerardo

Aegopodium podagraria (Apiáceas)

f. Herbe aux goutteux it. Erba Girarda i. Goutweed a. Gewöhnlicher Giersch

a 50–90 cm jun.-jul. vivaz

Los jardineros la consideran una mala hierba molesta, pero es muy apreciada en medicina popular. Ya los antiguos herbarios lo citaban como medicamento contra la gota del dedo gordo del pie (podagra). Con su infusión diurética se curaba el reuma y las inflamaciones, y es un remedio en diarreas y hemorroides (baños). Las hojas frescas majadas alivian las picaduras de mosquito y las heridas. La homeopatía la recomienda también para el reuma y la gota.

***Hábitat** Bosques húmedos, jardines, parques, riberas. Sobre suelos ricos en nutrientes. Europa, O de Asia.*

> ***extendido en grandes cantidades***
> ***tallos huecos, asurcados***
> ***los brotes jóvenes se consumen en ensaladas***

Consejo de salud

Infusión contra el reuma y la ciática: se vierte agua hirviendo sobre 2 c. de hojas frescas y tiernas por taza y se deja reposar 10 minutos, se cuela y se bebe 1 taza al día.

Ameo bastardo

Ammi majus (Apiáceas)

c. Siscla de camp p. Âmio-vulgar f. Ammi officinel it. Soffione i. False bishop's weed a. Bischofkraut

a 30–100 cm jun.-sept. anual

Hábitat *Yermos, baldíos, arcenes. Zona mediterránea, SO de Asia, asilvestrado sólo en el C de Europa.*

> **umbelas con h. 60 radios**
> **planta lampiña**

Se usan los frutos. La medicina oficial utiliza la droga o el derivado cumarínico aislado, el metoxsaleno, para curar enfermedades de la piel como la psoriasis y problemas de pigmentación. El metoxsaleno puede activarse por irradiación con luz utravioleta.

Biznaga, viznaga

Ammi visnaga (Apiáceas)

c. Bisnaga e. Biznaga g./p. Bisnaga-das-searas f. Herbe aux cure dents it. Erba cura denti i. Toothpick plant a. Zahnstocher-Ammel

a 20–100 cm abr.-ag. anual

Hábitat *Herbazales húmedos, prados, pastos, SO de Asia, zona mediterránea meridional.*

> **radios de la umbela usados como mondadientes**
> **todas las hojas tripinnadas, folíolos muy estrechos**

Posiblemente los egipcios conocían ya el efecto espasmolítico de los frutos: la khelina o jelina relaja la musculatura de bronquios, estómago, intestinos, vías biliares y vejiga. La viznadina es un preciso vasodilatador coronario, que no influye en los vasos periféricos. Antes se había usado contra la angina de pecho, pero en la actualidad apenas sí se usa debido a sus efectos secundarios.

Perifollo

Anthriscus cerefolium (Apiáceas)

c. Cerfull e. Perraitz p. Cerefolho-das-hortas f. Cerfeuil it. Cerfoglio i. Chervil a. Echter Gartenkerbel

a 30-70 cm mayo-ag. anual

La hierba fresca contiene flavonoides y un aceite esencia (estragol). Se toma en sopas o cruda en forma de zumo como cura de primavera. Es digestiva y diurética. El zumo se aplica, además, sobre eczemas y heridas. Para los egipcios era tan valioso que Tutankhamón tenía en su tumba, como ofrenda, una pequeña cesta con semillas de perifollo.

Hábitat *Originaria del SE de Europa, Asia, pero también cultivada desde el s. XVI en el C y O de Europa.*

> ***hojas también usadas como condimentos***
> ***planta pelosa, con un leve olor a anís***

Apio

Apium graveolens (Apiáceas)

c. Api e. Perrexil hezea g./p. Aipo doce f. Ache it. Appio i. Celery a. Echter Sellerie

a 30-100 cm abr.-oct. bienal

En la cocina se usan los tubérculos y los pecíolos, pero el poder curativo más fuerte lo tienen las semillas: contienen un aceite esencial complejo. La infusión es acuarética y estimula el apetito y la digestión, pero no el instinto sexual, como antes se creía. El zumo del tubérculo cocido con azúcar servía para la tos. No debe usarse en caso de inflamación de los riñones.

Hábitat *Prados húmedos cerca de la costa, pero cultivada en otras partes.*

> ***prefiere los suelos salinos***
> ***varias formas usadas como verduras***
> ***planta con olor intenso***

Gayuba

Arctostaphylos uva-ursi (Ericáceas)

c. Boixerola g. Herba dos candís p. Candeias f. Busserole it. Uva orsina i. Bearberry a. Echte Bärentraube

a 20–60 cm marz.-jul. arbusto ☠

Hábitat *Pinares claros, brezales con arbustos enanos. Sobre suelos secos. Europa, Asia, Norteamérica.*

> ***siempre verde***
> ***arbusto enano rastrero, ramas de h. 150 cm de l.***

Los herbarios ingleses hablan ya en el s. XIII sobre esta planta, pero en Europa central ya se había establecido antes como planta medicinal. La medicina popular y la oficial prescriben la infusión de las hojas en inflamaciones del aparato urinario. Aunque el contenido ha sido bien investigado, el mecanismo de acción todavía no está claro. Este uso podría basarse en los taninos que contiene: ayuda en caso de diarreas. No debe usarse en caso de embarazo.

Aronia melanocarpa

Aronia melanocarpa (Rosáceas)

c. Arònia negra f. Aronie noire i. Black chokeberry a. Kahle Apfelbeere

a 20–300 m   mayo–jun.   arbusto

La carrera de esta planta como medicinal empezó en tiempos modernos. La carne roja del fruto destaca por su alto contenido en fenol (tanino) y en vitamina K y C. El fenol es un antioxidante y previene el cáncer y las enfermedados de los vasos que circundan el corazón. En la medicina rusa, las bayas son un remedio conocido contra la hipertensión y las enfermedades de la piel.

Hábitat *Originaria de zonas húmedas de Norteamérica, cultivos del E de Europa; plantada en jardines.*

> ***verde en verano***
> ***hojas oblongo ovales, puntiagudas, finamente dentadas***

Pimiento

Capsicum annuum (Solanáceas)

c. Pebrotera e. Piper g./p. Pimento f. Piment it. Peperone i. Pepper a. Spanischer Pfeffer

a 20–50 cm   jun.–sept.   anual–bienal

Los frutos del pimiento contienen, además de vitamina C, diversos componentes de sabor picante. El zumo provoca en la piel un fuerte enrojecimiento. Emplastos, tinturas y cataplasmas elevan el riego sanguíneo y mejoran la curación del reuma y las contracturas musculares. La planta pulverizada (pimentón) estimula la salivación y la digestión.

Hábitat *Originaria de América central, cultivada en todo el mundo. Zona mediterránea, E y O de Europa.*

> ***hay diversas clases***
> ***hojas con largos pecíolos***
> ***tiene bayas, no silicuas***

Nueza

Bryonia cretica ssp. *dioica* (Cucurbitáceas)

c. Carbassina e. Asta-mats g. Saltasebes p. Erva-cobra f. Navet du diable it. Vite bianca i. Cretan briony a. Rotfrüchtige Zaunrube

a 2-4 m jun.-sept. vivaz ☠

Hábitat *Setos, jardines, arcenes, yermos sobre suelos ricos en nutrientes. S y C de Europa, N de África.*

- ***zarcillos con un punto de regresión***
- ***flores masculinas y femeninas en plantas separadas***
- ***flores masculinas en racimos, 2-5 femeninas en umbelas***
- ***se llama también tuca, nueza blanca***

Se trata de una planta muy peligrosa. En la Edad Media se corría un gran riesgo al comprarla: se usaba para provocar fuertes náuseas y diarrea. Sus componentes irritan las mucosas del conducto digestivo y externamente la raíz se utilizaba contra el reuma y la gota. Diluida en las preparaciones homeopáticas ya no hay peligro de envenenamiento. Se prescribe para inflamaciones de las vías respiratorias, hepatitis, pleuritis y peritonitis.

¿Lo sabía?

En la medicina medieval, la magia de un remedio era por lo menos tan importante como sus efectos farmacéuticos. Como la raíz napiforme de la planta se parece a una figura humana, se creía que valía para el tratamiento de muchas enfermedades.

Alcaravea

Carum carvi (Apiáceas)
c. Comí de prat e. Txarpoil p. Cominhos-dos-prados
f. Anis des prés it. Cumino dei prati i. Caraway
a. Wiesen-Kümmel

a 30-80 cm mayo-jul. bienal

Los aceites esenciales del fruto le dan a este condimento –tradicionalmente añadido a los platos de col alemanes– un sabor característico. Actúan como digestivos, espasmolíticos y antiflatulentos. La infusión de alcaravea alivia ligeros trastornos gastrointestinales y hace que afluya más leche materna, según la medicina popular.

Hábitat *Prados y pastos, arcenes. Sobre suelos ricos en nutrientes. De Europa a Asia, N de África.*

> ***los frutos rallados tienen un olor aromático***
> ***tallos angulosos, hojas pinnadas***
> ***umbelitas o umbélulas con pedúnculos de longitud diferente***

Chimaphila umbellata

Chimaphila umbellata (Piroláceas)
i. Ground holly a. Doldiges Winerlieb

a 10-20 cm jun.-ag. vivaz

En las partes verdes de esta planta hay taninos, flavonoides y sustancias activas que ayudan en las inflamaciones del aparato urinario (arbutina). Mientras que en Europa a lo sumo se usa en homeopatía, en Norteamérica es un remedio indio conocido. Se usa en dolencias de riñón y vejiga, trastornos menstruales, reuma y enfermedades de la piel.

Hábitat *Pinares luminosos, C, N y E de Europa h. Asia, Norteamérica.*

> ***rizoma rastrero***
> ***hojas siempre verdes***
> ***flores inclinadas***

Limonero

Citrus limon (Rutáceas)

c. Llimoner e. Limoiondo g./p. Limoeiro f. Citronier it. Limone i. Lemon tree a. Zitrone

a 5–10 m marz.–sept. árbol

Hábitat *Originaria del N de India, cultivada actualmente en todo el mundo. Zona mediterránea.*

> ***árbol siempre verde***
> ***con espinas frecuentemente en las axilas foliares***
> ***hojas opuestas***

La carne del fruto contiene el doble de vitamina C que la de la naranja y es, por eso, un buen profiláctico para los resfriados. En cambio, en medicina se usa la cáscara del fruto aún sin madurar. Contiene un aceite esencial, flavonoides amargos y ácidos orgánicos. La cáscara seca o su aceite forman parte de muchas infusiones medicinales y frutales. La medicina popular conoce diversos usos que se basan en su efecto antiséptico.

Consejo de salud

Para los dolores de garganta, una mezcla de zumo fresco de limón con agua caliente (1:1) calma el dolor. Para los resfriados alivia el zumo de un limón con agua caliente (1:2), un poco de canela y ajo majado.

Naranjo amargo

Citrus aurantium (Rutáceas)

c. Taronger agre e. Larango g/p. Laranjeira azeda f. Bigaradier it. Arancia amara i. Seville orange a. Bitterorange

a 4-5 m marz.-mayo árbol

De este naranjo se usan medicinalmente casi todas sus partes: cáscara, frutos sin madurar, flores y hojas, es decir, el aceite. Con las flores se prepara un té aromático: es calmante y ayuda con la tos. La cáscara amarga estimula el apetito y favorece la digestión. Los aceites se utilizan en cosmética y en la elaboración de bebidas.

Hábitat *Originaria del SE de Asia, cultivada en la zona mediterránea.*

> ***árbol pequeño con copa redondeada***
> ***siempre verde***
> ***espinas en las axilas foliares***

Correhuela

Convolvulus arvensis (Convolvuláceas)

c. Corretjola e. Ezkerte-beltz g. Corregola f. Liseron des champs it. Vilucchio comune i. Field bindweed a. Acker-Winde

a 20-80 cm jun.-sept. vivaz

Conoció tiempos mejores como planta medicinal laxante, pero actualmente hay medicamentos mejores. Los glucósidos resinosos, los taninos y los flavonoides de las hojas irritan demasiado el intestino. En homeopatía se prescribe la planta fresca, en flor, contra los dolores de espalda. Asimismo, Hildegarda de Bingen decía que no era muy útil.

Hábitat *Campos, jardines, viñedos, yermos, arcenes. Extendida en casi todo el mundo*

> ***planta pionera, indicadora de limos***
> ***raíces de casi 2 m de profundidad***
> ***mala hierba resistente***

Coriandro, cilantro

Coriandrum sativum (Apiáceas)

c. Celiandre e. Martorria p. Coentro f. Coriandre it. Coriandolo i. Coriander a. Koriander

a 20–60 cm jun.-jul. anual

Hábitat *Yermos, herbazales, campos. Sobre suelos ricos en nutrientes. Originaria del Mediterráneo, cultivada en casi todo el mundo.*

> ***la planta huele desagradablemente***
> ***folíolos redondeados por abajo y estrechos por arriba***

El coriandro fresco es muy apreciado en la cocina tailandesa. Los frutos forman parte del curry y del pan de especias. Contiene aceites esenciales (hasta 75% de linalol) y otras sustancias en proporciones variables. Estimula la salivación y la formación de jugos gástricos y favorece la digestión. Es de ayuda en casos de gases, sensación de plenitud y espasmos gastrointestinales leves. Muchas mezclas de infusión contienen la hierba seca para dar sabor.

Consejo de salud

Infusión contra gases e hinchazón: se mezclan frutos de anís, hinojo, coriandro y alcaravea (1:1:1:2) y se majan en el mortero. Después se vierte sobre 2 c. de la mezcla agua caliente. Pasados 10 minutos se cuela y se bebe sin endulzar.

Espino navarro

Crataegus laevigata (Rosáceas)

c. Espinalb centreuropeu e. Elorri-zuriya f. Aubépine à 2 styles it. Biancospino i. Midland thorn a. Zweigriffliger Weissdorn

a 4-10 m mayo-jun. arbusto

Tanto el majuelo o espino blanco como este espino son distintos botánicamente, pero sus efectos son los mismos: las flores y los ápices de las ramas jóvenes contienen flavonoides y diversos ácidos vegetales. La acción de los medicamentos con espino se parecen a los de la digitalina y, como con ellos, sólo lo puede recetar el médico. Previene las alteraciones del ritmo cardíaco y son de ayuda en la vejez, cuando mengua la capacidad cardíaca. En medicina popular los frutos se consumen en compota contra la diarrea.

Hábitat *Márgenes de bosques, setos, parques. Casi toda Europa, N de África, SO de Asia.*

- > ***ramas con espinas***
- > ***hojas opuestas con lóbulos romos***
- > ***hojas del espino blanco o majuelo divididas h. más de la mitad***

Consejo de salud

Si el médico no recomienda lo contrario, la infusión sirve de cura preventiva para fortalecer el corazón: se vierte agua caliente sobre 1 c. de flores por taza. Pasados 20 minutos se cuela y se toma una taza 3-4 veces al día.

Comino

Cuminum cyminum (Apiáceas)
c. Comí e. Kumino p. Cominho f. Cumin it. Cumino i. Cumin a. Kreuzkümmel

a 20–30 cm jun.-jul. anual

Hábitat *Originaria del N de África (Egipto) y SO de Asia, cultivada sobre todo en España, Francia y Sicilia.*

> ***planta medicinal en el Egipto de los faraones***
> ***especia utilizada igual que la alcaravea***
> ***hojas con estrechos folíolos***

Es una planta medicinal y condimentaria muy antigua, que ya se utilizaba en Egipto para las alteraciones del sistema digestivo y contra la tos y el dolor de muelas. Con las mismas finalidades se usaba en la Edad Media. En sus lugares de origen, el fruto servía para estimular las reglas y, en elevadas concentraciones, era abortivo.

86

Membrillero

Cydonia oblonga (Rosáceas)
c. Codonyer e. Irasagarrondo g./p. Marmeleira f. Cognassier it. Cotogno i. Quince a. Echte Quitte

a 4–8 m mayo-jun. árbol

Hábitat *Originaria del SO de Asia, cultivado casi mundialmente como árbol frutal.*

> ***arbusto o árbol pequeño***
> ***frutos crudos no comestibles***

Los membrillos no son comestibles crudos, sino en jaleas y mermeladas. El zumo se usa en medicina popular para hacer gárgaras o enjuagues de la boca y la garganta en caso de heridas e inflamaciones. El mucílago hinchado de la envoltura seminal se usa contra la tos y para el cuidado de la piel reseca y agrietada.

Estramonio

Datura stramonium (Solanáceas)

c. Herba talpera e. Asma-belarra g. Figueira do demo p. Erva-dos-bruxos f. Stramoine it. Stramonio i. Thorn-apple a. Gewöhnlicher Stechapfel

a 30-120 cm jun.-oct. anual ☠

Los envenenamientos son raros, tal vez por su aspecto disuasorio. Surge cada vez más información sobre el mal uso de las drogas con alcaloides. La especie fue introducida en Europa en el s. XVI y se extendió rápidamente. Antes se usaban las hojas secas en medicina para tratar el asma, las toses convulsivas y la enfermedad de Parkinson. Para infecciones con fiebre alta, inflamaciones oculares y enfermedades psíquicas se usan preparaciones homeopáticas de la planta fresca.

Hábitat *Escombreras, yermos, arcenes. Originaria de América central, ornamental y asilvestrada raramente en Europa.*

> ***hojas de h. 20 cm de l.***
> ***cáliz con tubo largo y anguloso***
> ***atrae a las mariposas nocturnas***

87

¿Lo sabía?

Mencionado con frecuencia en los interrogatorios de los procesos de brujas. Formaba parte del llamado ungüento de brujas, que provocaba un estado extático. Las brujas creían que se transformaban y podían volar gracias a él.

Zanahoria

Daucus carota (Apiáceas)

c. Pastanaga e. Zainhori g. Cernoira p. Erva-coentrinha f. Carotte it. Carota i. Wild Carrot a. Wilde Möhre

a 30–100 cm jun.-sept. bienal

Hábitat *Prados, yermos, arcenes, terraplenes sobre suelos secos. Originaria de Asia, mundialmente cultivada y asilvestrada.*

> ***usada como verdura ya no florece***
> ***hojas 2–3 veces divididas, folíolos estrechos***

Propiamente dicha, la zanahoria no es una planta medicinal, pero su alto contenido en provitamina A y vitamina B y C hace que sea un alimento saludable. Antes se combatían las lombrices intestinales de los niños con jugo fresco de zanahorias y se daba zanahorias cocidas contra la diarrea (alto contenido en pectina). Los herbarios consideraban la forma silvestre tan eficaz como la cultivada. Las semillas se tenían por diuréticas.

Consejo de salud

Las curas con zumo de zanahoria prensada desintoxican y le proporcionan vitaminas al cuerpo. Una buena combinación son zanahorias/brócoli, zanahoria/tomate/pepino o zanahoria con frutos frescos. Hay que añadir algo de aceite o nata, pues de no hacerlo, el cuerpo no absorbería la provitamina A.

Atrapamoscas

Drosera rotundifolia (Droseráceas)

c. Dròsera e. Eguzki-ihintz p. Orvalho-do-monte it. Rosolida i. Common sundew a. Rundblättiger Sonnentau

a 5-20 cm jul.-ag. vivaz

Todas las droseras son raras y están protegidas. Las hojas contienen, además de flavonoides y ácidos vegetales, las llamadas naftoquinonas (enlaces aromáticos). La droga es usada por la medicina oficial, popular y homeopática en caso de fuertes toses convulsivas. La medicina popular la recomienda externamente para verrugas, callos y pecas.

Hábitat *Sólo en turberas altas y bajas, brezales húmedos, junto a fuentes. N de Europa, Asia, Norteamérica.*

> ***la planta consume insectos***
> ***todas las hojas basales***

Cardo corredor

Eryngium campestre (Apiáceas)

c. Panical e. Txori-gardu g./p. Cardo-corredor f. Panicaut champêtre it. Calcatreppola i. Field eryngo a. Feld-Mannstreu

a 15-60 cm jul.-sept. vivaz

Las raíces y las hojas contienen saponinas, flavonoides y ácidos vegetales. Como sus efectos son dudosos, sólo lo usa la medicina popular. La raíz ayuda en caso de dolencias de la vejiga y los riñones, formación de piedras, toses y bronquitis, y las hojas para el aparato urinario. En la medicina popular mediterránea se usa el cardo marino.

Hábitat *Linderos, céspedes secos, terraplenes. Sobre todo zona mediterránea y también C de Europa y SO de Asia.*

> ***flores insignificantes***
> ***hojas coriáceas, rígidas y estrechas***
> ***brácteas bajo las umbélulas***

Alforfón, trigo sarraceno

Fagopyrum esculentum (Poligonáceas)

c. Fajol bord e. Kixki p. Trigo-sarraceno f. Blé noir it. Faggina i. Buckwheat a. Echter Buchweizen

a 20–60 cm jul.-oct. anual

Hábitat *Originaria de Asia central, en Europa cultivada normalmente, raras veces asilvestrada junto a caminos.*

> **venenosa para el ganado**
> **flor de blanca a rosa**
> **cultivada como fuente de almidón**

Está documentado entre los escitas a comienzos de la Edad del Hierro, pero posiblemente es mucho más antiguo. En la Edad Media ya estaba muy extendido. Con sus frutos no se puede hacer pan, sino "aumentar" la harina. Normalmente se consumía en forma de sémola. Las hojas se usaban en medicina, pues contienen fagopirina y el glucósido rutina. La medicina popular lo utilizaba para las venas y para prevenir la arteriosclerosis.

90

Consejo de salud

Infusión profiláctica para la arteriosclerosis: se hierve durante 1 minuto 1 c. de la hierba triturada y se deja en reposo 10 minutos. Se bebe 1–3 tazas al día durante un mes aprox.

Reina de los prados

Filipendula ulmaria (Rosáceas)

c. Reina dels prats e. Soroerregiña g. Ulmeira p. Rainha-dos-prados f. Ulmaire it. Regina dei prati i. Meadow sweet a. Echtes Mädesüss

a 50–150 cm   jun.-ag.   vivaz

Las flores, agradablemente perfumadas, contienen aceites esenciales, flavonoides y taninos. El salicilaldehído del aceite fue el modelo para la aspirina, un analgésico mundialmente conocido. El té de las flores secas es sudorífico y se toma en los resfriados febriles (curas sudoríficas). La medicina popular ha recetado su infusión para la vejiga y los riñones. Sirve también para el reuma y la gota y contribuye a la curación de las heridas. La sobredosificación puede causar trastornos gástricos y no deben tomarlo pacientes hipersensibles a los salicilatos.

Hábitat *Zanjas, arroyos, riberas, junto a fuentes, bosques de ribera, prados húmedos. Europa, Asia.*

> ***inflorescencia con pedúnculos florales internos más cortos que los externos***
> ***flores muy perfumadas***
> ***los mismos componentes que la aspirina***

hojas con folíolos de tamaño desigual

pétalos de h. 5 mm de l.

inflorescencia más alta por fuera que por dentro

91

fruto firmemente enrollado

Consejo de salud

Infusión sudorífica: se vierte agua hirviendo sobre 1–2 c. de flores secas y se deja reposar 10 minutos. Se cuela y se bebe frío.

Fresal

Fragaria vesca (Rosáceas)

c. Maduixera e. Arragatze g./p. Morango f. Fraisier it. Fragola i. Strawberry a. Wald-Erdbeere

a 5–20 cm mayo–jun. vivaz

Hábitat *Bosques claros, linderos de bosques. Sobre suelos ricos en nutrientes. Europa, Asia.*

> ***pedúnculos florales con pelos adpresos***
> ***en los estolones se forman plantas hijas***

Por muy sabrosas que sean las fresas, las propiedades curativas de la planta residen en las hojas. Contienen abundantes taninos, algo de aceite esencial y flavonoides. En la medicina oficial no desempeñan ningún papel, pero muchas mezclas para infusiones lo contienen (a veces con los frutos secos). La medicina popular usa las hojas y las raíces en casos de diarreas, inflamaciones de la garganta y también de reuma, gota y enfermedades hepáticas.

Consejo de salud

Infusión mixta para beber o hacer gárgaras: se vierte agua hirviendo sobre 1–2 c. de hojas por taza y se deja reposar 15 minutos. Se cuela y se bebe en seguida o se hacen las gárgaras.

Arraclán

Frangula alnus (Ramnáceas)

c. Fràngula e. Zumalacarra g. Sanguiño p. Sanguinheiro f. Bourdaine it. Frangola i. Alder buckthorn a. Gewöhnlicher Faulbaum

a 1-4 m mayo-jun. arbusto o árbol ☠

Es muy venenoso y no hay que autotratarse con él. La medicina popular usa la corteza desde la Edad Media como purgante fuerte –y peligroso– pues sus sustancias activas impiden la reabsorción de líquidos desde el intestino grueso. Por eso también se tomaba como adelgazante y abortivo.

Hábitat *Turberas, bosques de ribera, bosques y matorrales claros. Sobre suelos de húmedos a muy húmedos. Europa, N de África, Asia.*

> ***hojas verdes en verano, alternas***
> ***ramas sin espinas***
> ***flores y frutos a la vez***

Cariofilada acuática

Geum rivale (Rosáceas)

c. Gèum de ribera f. Benoîte des ruisseaux it. Erba benedetta i. Water avens a. Bach-Nelkenwurz

a 30-70 cm abr.-jul. vivaz

La raíz contiene taninos y un aceite esencial. Al secarse libera eugenol, que se halla también en el clavo de especia. La medicina popular usa la raíz en casos de diarrea, trastornos digestivos, pérdida de apetito y para gargarismos y enjuagues con tos e inflamaciones de la boca y la garganta. El clavo está emparentado con ella y contiene más eugenol.

Hábitat *Prados muy húmedos, cenagosos, zanjas, arroyos, bosques de ribera. C de Europa, Asia, Norteamérica.*

> ***pétalos de blancos a rosas***
> ***tallos erguidos, densamente pelosos***
> ***indicadora de nutrientes***

Heléboro negro

Helleborus niger (Solanáceas)

c. Rosa de Nadal e. Otsababa beltz p. Heléboro-negro f. Rose de Noël it. Rosa di Natale i. Christmas rose a. Christrose

a 10–30 cm dic.-abr. vivaz ☠

Hábitat *Hayedos y pinares. Sobre suelos calcáreos con abundancia de nutrientes y humus. S y E de los Alpes, Apeninos.*

> ***extendida como ornamental***
> ***hojas verdes en invierno***
> ***flores solitarias sobre tallos sin ramificar***

Como es muy venenosa, la raíz sólo se usa en homeopatía en casos de diarrea, nefritis y depresión. Ya en la Antigüedad se la consideraba eficaz e Hildegarda de Bingen la recomendaba contra "los humores mortíferos" y las "fiebres cuartanas". La medicina popular usaba la raíz contra estreñimiento y las lombrices intestinales. En medicina se usa en enfermedades cardiacas y del sistema arterial.

¿Lo sabía?

En los herbarios se menciona su uso contra las enfermedades mentales. Plinio decía que se llevaba los "humores negros" causantes de la locura. Una leyenda cuenta que la raíz curó a la hija del rey cretense Proitos de Argos.

Beleño negro

Hyoscyamus niger (Solanáceas)

c. Jusquiam e. Erabelar beltz p. Meimendro-negro f. Jusquiame noir it. Giusquiamo nero i. Henbane a. Schwarzes Bilsenkraut

a 20–80 cm jun.-oct. anual-bienal ☠

Al igual que la belladona, el beleño negro forma parte del ungüento de brujas. Como la mayoría de las brujas y brujos eran buenos botánicos, utilizaban el poder alucinógeno de la planta también para sus filtros de amor. En medicina popular se conoce su uso como analgésico en casos de tos ferina, úlceras e inflamaciones abdominales. La medicina oficial lo receta como espasmolítico en medicamentos estandarizados.

Hábitat *Yermos, escombreras. Sobre suelos ricos en nutrientes. Europa, Asia, N de África.*

> ***antigua planta de brujas***
> ***planta vellosa***
> ***flores orientadas hacia un lado***

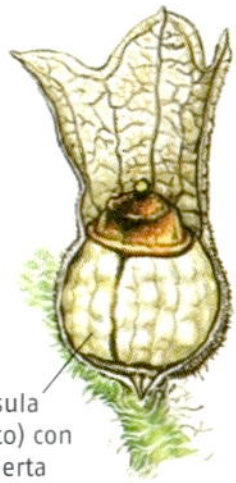

¿Lo sabía?

La toxicidad de la planta no sólo la conocía Shakespeare, que presenta al padre de Hamlet muerto por su veneno. Mucho más vil era la práctica de los cerveceros medievales, que la añadían a la cerveza para hacerla más embriagadora.

Jazmín, j. real

Jasminum grandiflorum (Oleáceas)

c. Gessamí e. Jazmin g. Xasmín p. Jasmineiro f. Jasmin it. Gelsomino i. Common jasmine a. Chinesischer Teejasmin

a 4–6 m jun.-sept. arbusto

***Hábitat** Originaria del Himalaya, N de India, Pakistán; plantada en Marruecos, España y Francia.*

> ***planta trepadora***
> ***también planta ornamental, utilizada en perfumería***

El perfumado aceite esencial, que se obtiene de las yemas, se utiliza sobre todo en perfumería: 8 millones de flores proporcionan 1 litro de esencia. En su lugar de origen se prepara con las flores una infusión calmante y se tratan las pieles secas con su esencia. En Europa, es apreciada para proporcionar bienestar, pues actúa como reconfortante mental, antibloqueante y antidepresivo.

Ledum palustre

Ledum palustre (Ericáceas)

i. Ledum a. Sumpfporst

a 60–150 cm mayo-jul. arbusto ☠

***Hábitat** Turberas altas, bosques cenagosos. Sobre suelos ácidos, pobres en cal. N de Europa, Asia. Norteamérica.*

> ***siempre verde***
> ***hojas alternas***
> ***arbusto con olor fuerte***

La hierba seca contiene alcaloides y glucósidos de sabor amargo que hacen de este arbusto una planta venenosa. Aunque en la actualidad se usa casi únicamente en homeopatía, antes se empleaba contra enfermedades de las vías respiratorias como narcótico y se hizo un mal uso de él como abortivo. También los cerveceros lo añadían como estupefaciente.

Manzano

Malus domestica (Rosáceas)
c. Pomera e. Sagarrondo g./p. Maceira f. Pommier
it. Melo i. Apple tree a. Kultur-Apfel
a h. 10 m mayo árbol

En Inglaterra se dice: "Una manzana al día mantendrá al doctor fuera de su vida". Una manzana recién rallada actúa contra la diarrea, pues su elevado contenido en pectina regulariza la evacuación. Comida con la cáscara estimula la digestion, baja la presión y el nivel de colesterol, y depura el organismo, por lo que no es de extrañar que ya se mencionara en la mitología griega.

Hábitat *Sólo plantada la forma cultivada, sobre suelos ricos en nutrientes.*

> ***a diferencia del manzano silvestre, sin espinas***
> ***envés foliar afieltrado***

Malva enana

Malva neglecta (Malváceas)
c. Malva de fulla rodona p. Malva-pequena f. Maule négligée i. Dwarf mallow a. Käsepappel
a 15-50 cm jun.-oct. anual-bienal

La "hermana menor" de la malva silvestre contiene en sus hojas mucílagos y una escasa cantidad de taninos. La infusión de malva ayuda en los catarros de las vías respiratorias altas y alivia la inflamación dolorosa de las mucosas bucal y faríngea, y también la gastrointestinal. En la Antigüedad ya daban las mismas indicaciones para la malva.

Hábitat *Yermos, arcenes, macizos de malas hierbas, jardines, márgenes de campos. Sobre suelos ricos en nutrientes. Europa, Asia, N de África.*

> ***indicadora de nitrógeno***
> ***mala hierba molesta***
> ***pétalos el doble de largos que el cáliz***

Trébol de agua, t. fibrino

Menyanthes trifoliata (Meniantáceas)

c. Trèvol d'aigua p. Trevo-dos-charcos f. Trèfle d'eau it. Trifoglio fibrino i. Bogbean a. Fieberklee

a 15–100 cm mayo–jul. vivaz

Hábitat *Orillas de lagos secados, pantanos, turberas llanas, prados muy húmedos. Europa, Asia, Norteamérica.*

> ***rizoma grueso, ramificado***
>
> ***racimos densos sobre tallos sin hojas***

El adjetivo "fibrino" hace referencia a un antiguo uso: las hojas de la planta en flor servían para bajar la fiebre. La medicina moderna no ha confirmado esta propiedad. Las hojas contienen varios glucósidos amargos y alcaloides. Estimula la formación de jugos gástricos y alivia la digestión. La medicina popular utiliza también las raíces en casos de indigestión, gases, reumas y dolencias de la piel. No hay que usar con úlceras gastrointestinales.

Consejo de salud

Infusión para despertar el apetito: verter agua hirviendo sobre 1 c. por taza de la hierba y colar pasados 5 minutos. También puede ponerse en frío y calentar hasta que hierva 1 minuto, colándola después. Se bebe sin endulzar.

Hinojo ursino, meo

Meum athamanticum (Umbelíferas)

c. Meu g. Prixel de monte f. Fenouil d'ours it. Finocchiella i. Signel
a. Gewöhnliche Bärwurz

a 15–45 cm mayo–jun. vivaz

Es una planta típica de montaña y sólo la valora como planta medicinal la medicina popular de la zona. Tal vez lo más conocido sea el aguardiente de meo, un reconstituyente estomacal. Con la raíz también se hace una infusión para los trastornos digestivos y despertar el apetito. También ayuda en los trastornos menstruales.

Hábitat *Prados de montaña, pastos. Sobre suelos pobres en nutrientes. Altitudes medias y Alpes, Europa.*

- > ***flores diminutas, de 3 mm de anchura***
- > ***materia prima para el aguardiente de meo***
- > ***planta aromática***

Perifollo oloroso

Myrrhis odorata (Apiáceas)

c. Mirris f. Cerfeuil d'Espagne it. Finnocchiella i. Sweet cicely a. Süssdolde

a 60–120 cm mayo–jul. vivaz

La planta huele a anís. Las hojas contienen anetol y la medicina popular mediterránea las utiliza. Son espasmolíticas, digestivas y antiflatulentas o carminativas. También se usan como condimento y la raíz –puesta en aguardiente– es un reconstituyente estomacal.

Hábitat *Prados de montaña, entre matas altas, arcenes y matorrales. Alpes occidentales, Apeninos, Pirineos, también asilvestrada.*

- > ***triturada huele a anís***
- > ***frutos con 5 ángulos aguzados***

Mirto, arrayán

Myrtus communis (Mirtáceaas)

c. Murtra e. Mitre g. Mirteira p. Murteira f. Myrte it. Mirto i. Myrtle a. Braut-Myrte

a 1–5 m abr.-ag. arbusto

Hábitat *Matorrales y bosques siempre verdes. Zona mediterránea hasta el NO del Himalaya.*

> **hojas opuestas o en tríos**
> **bayas negro azules**
> **sus ramas son símbolo de belleza y juventud**

Desde la Antigüedad el mirto es símbolo de juventud, belleza y virginidad: con él se tejía la corona de las novias. Según la mitología árabe, Adán lo trajo consigo del Paraíso. El aceite que se obtiene de sus hojas es antibacteriano y se añade a los medicamentos. La medicina popular usa las hojas secas en dolencias de la vejiga, enfermedades respiratorias y diarreas.

Ajenuz

Nigella sativa (Ranunculáceas)

p. Nigela-aromática e. Usagari f. Cumin noir it. Grano nero i. Black caraway a. Echter Schwarzkümmel

a 20–40 cm jun.-sept. anual

Hábitat *Originaria del O de Asia y N de África, plantada en Europa y asilvestrada.*

> **tallo erguido, ramificado**
> **hojas varias veces divididas, foliolos estrechos**

Era una planta culinaria en Egipto tan apreciada como en la época de Carlomagno, que ordenó plantarla en los jardines de sus palacios. Las negras semillas contienen un valioso aceite, pero no es seguro que sea terapéutico. La medicina popular usa la planta contra gases, trastornos digestivos y dolencias hepáticas.

Acederilla, aleluya

Oxalis acetosella (Oxalidáceas)

c. Pa de cucut e. Basoetako mingots p. Azedinha f. Pain-de-coucou it. Acetosella i. Wood-sorrel a. Wald-Sauerklee

a 5-15 cm abr.-mayo vivaz

Los folíolos adoptan por la noche una posición de reposo vertical. Se enderezan por la mañana y vuelven a la posición de reposo cuando el sol más calienta. En homeopatía tiene toda una serie de indicaciones, mientras que en fitoterapia se receta con reservas. La medicina popular lo considera curativo en las enfermedades cutáneas, el escorbuto y como antídoto en envenenamientos con arsénico y mercurio.

Hábitat *Bosques planifolios y caducifolios sobre suelos húmedos. En lugares sombreados de latitudes templadas.*

> ***prospera con un 1% de luz diaria***
> ***se extiende mediante brotes subterráneos rastreros (rizoma)***
> ***flores solitarias, sobre pedúnculos sin hojas***

Consejo de salud

Realmente las hojas no son saludables, pues contienen sales de oxalato. Sin embargo, algunas hojas añadidas a las ensaladas de hierbas silvestres como condimento algo ácido son muy sabrosas e inocuas.

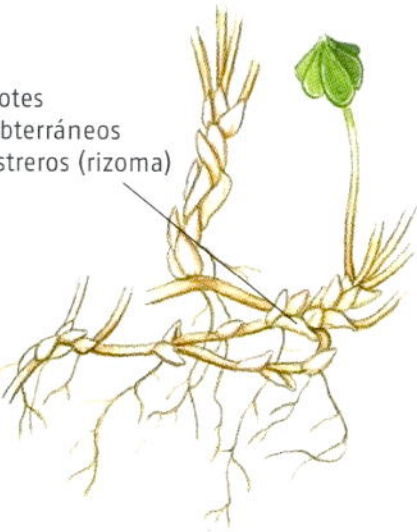

Hepática blanca

Parnassia palustris (Parnasiáceas)

c. Fetgera blanca p. Hepática branca f. Parnassie des marais it. Gramigna di Parnasso i. Grass of Parnassus a. Sumpf-Herzblatt

a 10–25 cm jul.–sept. vivaz

Hábitat *Turberas bajas, parados cenagosos, fuentes. Europa, Asia, Norteamérica.*

> ***flores solitarias, con un largo pedúnculo***
> ***hojas basales en una roseta***

Hierba discreta, que se recoge y seca en la época de floración. Contiene taninos y posiblemente sustancias desconocidas. En medicina popular la toman personas inestables para reducir las palpitaciones, los nervios y la ansiedad. Se sabe de su uso en casos de epilepsia y en los viejos herbarios se recomienda contra las dolencias hepáticas.

Alharma, gamarza

Peganum harmala (Zigofiláceas)

c. Harmalà e. Asta-bortusaya f. Rue sauvage it. Ruta siriraca i. Syrian rue a. Steppenraute

a 30–60 cm marz.–ag. vivaz

Hábitat *Yermos secos, arcenes. Zona mediterránea meridional, SO de Asia h. el Tíbet.*

> ***mata con base leñosa***
> ***hojas profundas e irregularmente divididas, 2 estípulas***

Probablemente la utilizaban ya los hombres en los primeros tiempos de la historia para los rituales extáticos. Provoca alucinaciones y actúa también como afrodisíaco. La medicina popular mediterránea lo usaba en dolencias gástricas, como analgésico y espasmolítico. Las semillas contienen una mezcla de alcaloides y un aceite esencial.

Imperatoria

Peucedanum ostruthium (Apiáceas)

c. Imperatòria p. Carriço das searas f. Imperatoire it. Imperatoria i. Master-wort a. Meisterwurz

a 30–100 cm jun.-ag. vivaz

El rizoma seco huele como el apio. Contiene un aceite esencial, principios amargos y taninos. Antes se trataban con ella enfermedades diversas, desde la gota y el reuma h. la bronquitis. De hecho, los principios amargos estimulan el apetito y la digestión y son tranquilizantes. El componente principal de la raíz, la imperatorina, se añade a los aguardientes amargos.

__Hábitat__ Prados de montaña, alisedas, yermos. Sobre suelos flojos y ricos en nutrientes. Montañas de Europa.

> ***tallos huecos***
> ***olor aromático al triturarla***
> ***fruto compuesto, alado***

Hierba carmín

Phytolacca americana (Fitolacáceas)

c. Arbre de tinta g. Tintureira f. Herbe à la laque it. Uva turca i. American Pokeweed a. Amerikanische Kermesbeere

a 1–3 m jul.-ag. vivaz

Fue introducida como planta ornamental y en las zonas vinateras se añadían los pigmentos de las bayas para dar color al vino tinto. La medicina india y, más tarde, los colonos europeos considera la raíz milagrosa y la usaron en tumores y enfermedades cutáneas. Una tintura venenosa fabricada con ella se tomaba contra el reuma. Las bayas son sólo ligeramente venenosas, pero las semillas lo son, y mucho.

__Hábitat__ Viñedos, yermos, matorrales, arcenes. Originaria de Norteamérica, mundialmente extendida.

> ***mata de base leñosa***
> ***hojas opuestas, ovales y puntiagudas***

Anís, matalahúva

Pimpinella anisum (Apiáceas)

c. Matafaluga e. Anis-belarr p. Erva-doce f. Anis it. Anice i. Anise a. Anis

a 30–60 cm jul.-ag. anual

Hábitat *Originaria del Mediterráneo oriental, extendida y plantada por todo el mundo.*

- ***planta con olor a anís***
- ***tallos redondos, estriados***
- ***hojas caulinares finamente divididas hacia arriba***

Ya en un herbario del 1577 se aconseja tomarlo a las personas con "muy mal aliento". El aceite antibacteriano de las semillas proporciona a muchos productos de bollería, dulces, colutorios y licores su aroma característico. En la medicina oficial y popular, la infusión se bebe por sus propiedades mucolíticas y expectorantes, y para prevenir los gases colicoides. Finalmente, la medicina popular cree que favorece la secreción de leche y aumenta el deseo y la potencia sexual.

frutos con 5 costillas claras

hojas caulinares superiores 2–3 veces divididas

flores solitarias, de 2–3 mm de an.

104

umbelas con 7–15 radios

Consejo de salud

Infusión de anís mucolítica: los frutos (farmacia) se majan ligeramente en el mortero poco antes de usarlos. Se vierte agua hirviendo sobre ½ c. de frutos por taza y se dejan reposar 10–15 minutos. Se cuela, se endulza con miel y se bebe antes de ir a dormir.

Pimpinela negra, p. mayor

Pimpinella major (Apiáceas)

c. Julivert de bosc e. Gaitun handia f. Grand boucage it. Tragoselino maggiore i. Greater burnet saxifrage a. Grosse Bibernelle

a 40–100 cm jun.-sept. vivaz

Las raíces contienen un aceite esencial y toda una serie de sustancias activas. Se toma en forma de infusión o en medicamentos para los catarros de las vías respiratorias altas. También es buena como gargarismos en inflamaciones de la boca y la garganta. En medicina popular se lavan las heridas de mal curar con infusiones de la planta y se bebe en caso de inflamaciones del aparato urinario.

Hábitat *Prados lozanos, pastos. Sobre suelos profundos y ricos en nutrientes. Europa.*

> ***tallos con surcos angulosos***
> ***hojas imparipinnadas***
> ***umbelas colgantes antes de la floración***

Pimpinela blanca

Pimpinella saxifraga (Apiáceas)

e. Gaitun harrautsi f. Boucage it. Tragoselino becchino i. Burnet carroway a. Kleine Bibernelle

a 30–60 cm jun.-sept. vivaz

Es un poco más pequeña y contiene las mismas sustancias que la especie anterior. Con ella los herboristas medievales de más al norte de Europa no podían basarse en las fuentes antiguas, pues no crece en la zona mediterránea. Aparece por primera vez en 1588 en el conocido herbario de Tabernaemontano y fue usada también para numerosas enfermedades.

Hábitat *Céspedes pobres, brezales, prados, yermos. Sobre suelos pobres. Europa h. Asia central.*

> ***tallos redondos, ligeramente estriados***
> ***hojas basales simples, hojas caulinares finamente divididas por arriba***

Lengua de pájaro

Polygonum aviculare (Poligonáceas)

c. Passacamins e. Odolur g. Pé de paxaro p. Sanguinha f. Renouée des oiseaux it. Correggiola i. Prostrate Knotweed a. Acker-Vogelknöterich

a 5–50 cm mayo–nov. anual

Hábitat *Caminos y arcenes, macizos de malas hierbas. Todo el mundo.*

- **> *crece en las grietas del asfalto***
- **> *tallos de postrados a ascendentes***
- **> *flores de blancas a rosas***

Mucha gente pisa literalmente esta planta, pues se conforma con una pequeña franja de arena entre las baldosas de cualquier lugar de paso. Las partes aéreas secas contienen flavonoides, taninos, mucílagos y ácido silícico. En la medicina oficial no tiene prácticamente ninguna aplicación. La medicina popular utiliza la hierba en las inflamaciones de la boca y la garganta. Curiosamente era considerada un afrodisíaco entre los cosacos rusos.

Consejo de salud

Infusión para una cura de primavera: se vierte agua caliente sobre 1 C. sopera por taza de la hierba y se hierve. Se cuela inmediatamente y se toman 2–3 tazas diarias aprox. durante un mes.

Endrino

Prunus spinosa (Rosáceas)

c. Aranyoner e. Elorri-beltza g. Abruñeiro p. Ameixeira-brava f. Prunellier noir it. Prugnolo i. Blackthorn a. Gewöhnliche Schlehe

a 1-3 m abr.-mayo arbusto

Aunque las bayas resultan apetitosas en el arbusto, crudas no pueden comerse. Se recolectan mejor tras la última helada y se hace con ellas zumo o mermelada. Contiene abundantes teninos, ácidos frutales y vitamina C. Con las flores se hace la llamada infusión purificadora de la sangre, que es ligeramente laxante y diurética. Según la tradición popular, las bayas secas ayudan en casos de debilidad de estómago y la vejiga, y de trastornos urinarios.

Hábitat *Setos, arcenes. Sobre suelos ricos en nutrientes. Europa, O de Asia, N de África.*

> ***flores en general antes que las hojas***
>
> ***los frutos son un alimento de invierno para las aves***

Consejo de salud

Jugo de endrinas como aperitivo: se lavan las endrinas, se vierte sobre ellas agua hirviendo y se deja reposar. Pasados 1-2 días se decanta y cuece 1 l del jugo con 500 g de azúcar removiéndolo y, si es necesario, quitando la espuma. El jugo se embotella en frascos y se esteriliza. Se toma a cucharadas.

Grosellero negro

Ribes nigrum (Saxifragáceas)

c. Riber negre e. Andere-mahats beltz p. Groselheira-negra f. Cassis it. Ribes nero i. Black currant a. Schwarze Johannisbeere

a 100-200 cm abr.-mayo arbusto

Hábitat *Bosques en barrancos y riberas, plantada como planta útil en jardines. Europa, Asia.*

> **verde en verano, hojas palmatipartidas**
> **olor fuerte**
> **sépalos el doble de largos que los pétalos**

Los frutos crudos no son especialmente sabrosos, pero, en forma de zumo o jarabe ayudan en resfriados, toses e inflamaciones de la boca y la garganta. Antes se masticaban los frutos secos en casos de trastornos urinarios. Con las hojas se prepara una infusión que estimula la producción de orina y sudor. También ayuda con el reuma y las dolencias de hígado y vesícula.

Frambueso

Rubus idaeus (Rosáceas)

c. Gerdera e. Mugurdiondo g./p. Framboeseiro f. Framboisier it. Lampione i. Raspberry a. Himbeere

a 60-200 cm mayo-jun. arbusto

Hábitat *Claros de bosque, pistas forestales, escombreras. Sobre suelos ricos en nutrientes. Hemisferio norte.*

> **tallos con acúleos**
> **hojas con 3-7 folíolos, estípulas**
> **sépalos blanco verdosos, pétalos caducos**

También es una planta de la medicina popular. Con las hojas, que poseen taninos, se prepara una infusión para la diarrea, las inflamaciones de la boca y la garganta, y también para purificar la sangre. Las hojas son componentes de diversas infusiones compuestas. El zumo o el jarabe de los frutos suaviza el gusto amargo de los medicamentos, y el zumo se bebe en casos de fiebre.

Zarzamora

Rubus sect. *Rubus* (Rosáceas)

c. Esbarzer e. Asu arantza g. Silva p. Sarça f. Ronce it. Rovo i. Bramble a. Echte Brombeere

a 1-4 m   mayo-ag.   arbusto

La infusión de hojas de zarza tienen un sabor agradable, no a medicina, y por eso se toma solo o se mezcla con otras hojas. Las hojas pardas, fermentadas, son un sustituto del té negro. Las hojas secas sirven para la diarrea, las dolencias de la piel en forma de baños y como gargarismos en las inflamaciones de la boca y la garganta. El zumo de los frutos maduros contiene ácidos y vitaminas.

Hábitat *Setos, matorrales, jardines, arcenes y claros de bosques. Hemisferio norte.*

> ***trepa con acúleos ganchudos y diferenciados***
> ***tallo bienal, leñoso***
> ***especie colectiva con muchas formas***

Consejo de salud

Infusión compuesta de hojas de zarzamora: se mezclan hojas de zarzamora y frambueso en partes iguales. Para aromatizar se añaden flores de tilo, cáscaras secas de escaramujo y menta piperita. Se vierte agua hirviendo en 2 c. de la mezcla y se cuela pasados 10 minutos.

Saúco

Sambucus nigra (Caprifoliáceas)

c. Saüc e. Ziorri g./p. Sabugueiro f. Sureau it. Sambuco i. Elder a. Schwarzer Holunder

a 3-7 m jun.-jul. arbusto ☠

Hábitat *Bosques y sus linderos, escombreras, yermos. Europa, Asia Menor.*

> ***indicadora de nutrientes***
> ***flores con olor fuerte***
> ***ramas con médula blanca***

Antaño, el saúco que crecía junto a cada casa de campo servía de protección frente a duendes y ninfas de los árboles. Casi todas las partes se aprovechan: con las flores, y también con las hojas, se prepara una infusión sudorífica en casos de resfriado. El zumo de los frutos se usa contra el estreñimiento, los dolores de cabeza y como sudorífico y diurético. La corteza y la raíz ayudan cuando se tiene reuma. Según Alberto Magno sirve como laxante la corteza que ha sido arrancada desde arriba hacia abajo.

corteza con verrugas suberosas

inflorescencia de 10–25 cm de an.

drupas de 4–6 mm

Consejo de salud

Infusión de flores de saúco contra los resfriados: se vierte agua hirviendo en 1 c. de flores por taza y se cuela pasados 5 minutos. Se toma 1 taza varias veces al día. Para sudar se ponen 2 c. de flores y se bebe lo más caliente posible.

inflorescencia como un paraguas

Sanícula, hierba de San Lorenzo

Sanicula europaea (Apiáceas)

c. Sanícula e. Ositxeka p. Sanícula-vulgar f. Sanicle d'Europe it. Erba fragolina i. Sanicle a. Wald-Sanikel

a 20-60 cm   mayo-jun.   arbusto

Contiene compuestos de saponinas que tienen un efecto expectorante. Se receta para catarros de las vías respiratorias, en gargarismos, y antes en hemorragias gástricas y como vulneraria. En la Edad Media y más tarde se usaba para numerosas enfermedades (del latín *sanare*: curar, sanar).

Hábitat *Sotobosque de bosques planifolios y mixtos. Sobre suelos ricos en humus. Europa, N de África, O de Asia.*

> ***flores de 2-3 mm, blancas, raramente rosas***
>
> ***frutos con aguijones ganchudos, propagados por los animales***

Patatera

Solanum tuberosum (Solanáceas)

c. Patatera e. Lusagarra g./p. Batateira f. Pomme de terre it. Patata i. Potato a. Kartoffel

a 40-80 cm   jun.-ag.   vivaz   ☠

Las partes aéreas contienen, como todas las solanáceas, alcaloides venenosos. Los tubérculos contienen almidón en abundancia y se usan en la industria farmacéutica como sustrato o soporte. La medicina popular aprovechaba la capacidad de los tubérculos machacados para conservar el calor y se colocaban emplastos sobre las heridas, contusiones o articulaciones reumáticas.

Hábitat *Originaria de Sudamérica, cultivada en campos y jardines, raramente asilvestrada.*

> ***las patatas verdes son venenosas***
>
> ***hojas imparipinnadas, folíolos de tamaño diferente***

Serbal de cazadores

Sorbus aucuparia (Rosáceas)

c. Moixera de guilla e. Udalatx g. Capudrio p. Tramazeira f. Sorbier d'oiseleurs it. Sorbo selvático i. Rowan a. Gewöhnliche Eberesche

a 3-15 m mayo-jun. arbusto

Hábitat *Matorrales, bosques planifolios y mixtos, cenagosos, roquedos. Casi toda Europa, O de Asia.*

> ***formas plantadas en carreteras***
> ***los frutos son un alimento importante para las aves***
> ***hojas verdes en verano, alternas***

Las bayas crudas no saben especialmente bien. Además, sus componentes (ácido parasórbico, glucósidos en las semillas) irritan la mucosa gástrica. Las bayas crudas son laxantes y diuréticas y, en grandes cantidades, producen diarrea y vómitos. La medicina popular las usa para las enfermedades renales, el reuma, como laxante y para la ronquera el zumo, en forma de gargarismos. El ácido parasórbico se vuelve inocuo cuando se cuecen los frutos para hacer purés o compotas; es astringente.

bayas de 6-9 mm de an.

folíolos dentados

h. 100 flores por inflorescencia

Consejo de salud

Compota de frutos: se cuecen las bayas con un poco de agua, se exprimen a través de un colador y se les añade la misma cantidad de azúcar. Dejar cocer hasta que forme un puré denso. La compota estimula la formación de jugos gástricos.

hojas imparipinnadas

Pamplina

Stellaria media (Cariofiláceas)

c. Morró e. Albaraka-belarr g. Muruxa p. Morugem f. Morgeline it. Centocchio i. Chickweed a. Gewöhnliche Sternmiere

a 5-40 cm en.-dic. anual

A las aves les gusta esta planta (de ahí otros nombres, como hierba pajarera, picagallinas). Las partes aéreas carecen de sustancias medicinales, si acaso tienen minerales y vitamina C. En homeopatía se usa para el reuma y los dolores hepáticos. La medicina popular la receta para las hemorroides, como S. Kneipp. Otras indicaciones eran erupciones de la piel y enfermedades pulmonares.

hojas ovadas

pétalos libres, de 3 mm de l.

Hábitat *Macizos de malas hierbas en jardines y campos. Sobre suelos ricos en nutrientes. Europa, extendida por todo el mundo.*

> ***mala hierba característica de los cultivos de raíces y tubérculos***
> ***tallos con una línea longitudinal pelosa***

pétalos profundamente hendidos

Bola de nieve, mundillo

Viburnum opulus (Caprifoliáceas)

c. Aliguer e. Gaukarra g. Lamagueiro p. Noveleiro f. Viorne obier it. Palla di neve i. Guelder rose a. Gewöhnlicher Schneeball

a 150-300 cm mayo-jun. arbusto

Las especies y formas de viburnos que adornan nuestros jardines son a menudo exóticos. La corteza de la especie autóctona contiene taninos y sustancias apenas investigadas. Sólo la homeopatía y la medicina oficial la usan en caso de menstruaciones dolorosas y trastornos funcionales generales de los órganos reproductivos.

fruto maduro rojo

flores marginales de 1,5-2 cm de an.

panícula umbeliforme de 10 cm de an.

Hábitat *Bosques de ribera, linderos de bosque, setos, orillas de arrollo. Sobre suelos ricos en nutrientes. Europa, Asia.*

> ***hojas opuestas, como las del arce***
> ***grandes flores marginales estériles y las internas fértiles***
> ***las aves rechazan sus frutos***

inflorescencia como un paraguas

Milenrama

Achillea millefolium (Asteráceas)

c. Milfulles e. Milorria g. Herba da rula p. Erva-dos-carpinteiros f. Millefeuille it. Millefoglio i. Yarrow a. Schaf-Garbe

a 20–120 cm jun.-oct. vivaz

Hábitat *Céspedes semisecos, prados, pastos, lindes de campos. Sobre suelos ricos en nutrientes. Europa, Asia.*

> ***tallos numerosos y resistentes***
> ***hojas alternas***
> ***capítulos en panículas umbeliformes***

El legendario Aquiles da nombre al género –curaba sus heridas con esta planta, según se cuenta–. En los brotes floridos y secos hay más de 100 sustancias diferentes que forman un cóctel curativo. Estimula el apetito y la digestión, es antiinflamatoria y calma los espasmos en el conducto digestivo. Además, cura las inflamaciones de la piel y las mucosas. En personas sensibles puede provocar erupciones cutáneas pruriginosas.

Consejo de salud

Infusión aperitiva: se vierte agua hirviendo sobre 2 c. de la hierba por taza y se deja reposar 10 minutos. Se cuela y se toma entre las comidas. Para trastornos gastrointestinales se le añade manzanilla y menta piperita (3:5:5).

Cebolla

Allium cepa (Liliáceas)

c. Ceba e. Kipula g./p. Cebola f. Oignon it. Cipolla i. Onion a. Zwiebel

a 60–120 cm jun.-ag. vivaz

Es una de las plantas comestibles y medicinales más antiguas. Posee compuestos azufrados orgánicos que sirven para bajar el nivel de grasas en la sangre y la presión sanguínea. Los bulbos activan el apetito y la digestión, el zumo de los bulbos cocido con azúcar es un remedio clásico contra los resfriados. El zumo fresco es antibacteriano y va bien contra las picaduras de insectos.

Hábitat *Originaria del O de Asia, plantada en todo el mundo.*

> ***se plantan diversas variedades para el consumo***
> ***hojas tubulosas***

Puerro

Allium porrum (Liliáceas)

c. Porro e. Porru g. Porreta p. Alho porro f. Poireau it. Porro i. Leek a. Winterlauch

a 30–100 cm jun.-jul. anual

¿Es el puerro una planta medicinal? Los romanos estaban seguros de eso y la recomendaban en casos de tos y, según cuentan, el emperador Nerón cuidaba con él sus cuerdas vocales. En medicina popular el agua de puerro se bebe contra las diarreas fuertes, se come contra las lombrices intestinales y se coloca ligeramente cocido sobre heridas y úlceras.

Hábitat *Originaria posiblemente del Mediterráneo, casi exclusivamente cultivada.*

> ***hojas tubulosas, como trenzadas***
> ***verdura de invierno muy antigua***
> ***tépalos de blancos a rosas***

Ajo

Allium sativum (Liliáceas)

c. All e. Baratxuri g. Allo p. Alho f. Ail it. Aglio i. Garlic a. Knoblauch

a 20–70 cm jun.–ag. vivaz

***Hábitat** Originaria de Asia central, cultivada en todo el mundo y asilvestrada en suelos arenosos.*

> ***flores con bulbilos***
> ***tallos foliosos aprox. h. la mitad***

Estudios hechos a personas muy longevas indican que tomaban ajo con regularidad. Desgraciadamente, las cápsulas de ajo no aseguran una larga vida, pero quien despide un penetrante olor a ajo seguramente ha hecho algo por su salud. El ajo es desinfectante, digestivo, hace bajar el nivel de grasa en la sangre y previene la arteriosclerosis. La medicina popular recomienda también la aplicación de dientes de ajo sobre verrugas, callos y problemas de la piel.

116

Consejo de salud

Jarabe de ajo contra la tos: se ponen 5 dientes machacados con 5 c. de azúcar y un poco de agua. Se hierve la mezcla y se deja reposar 5 minutos; luego se cuela a través de un colador de tela y se toma a cucharadas.

Ajo de oso

Allium ursinum (Liliáceas)

c. All de bruixa e. Hartz-baratxuri f. Ail des ours it. Aglio orsino i. Bear's garlic a. Bär-Lauch

a 20-50 cm marz.-jun. vivaz

Sus componentes son los mismos que los del ajo, pero el olor no es tan fuerte. Toda la planta se usa poco antes de la floración. Es hipotensora y se usa contra trastornos gastrointestinales, pérdida de apetito y debilidad (a menudo en leche). En friegas o en linimentos se aplica en caso de heridas, reuma y erupciones.

Hábitat *Bosques planifolios húmedos y de ribera. Sobre suelos ricos en humus. Europa, Asia.*

> ***forma grandes macizos***
> ***se reconoce de lejos por su olor a ajo***
> ***indica un nivel alto de aguas freáticas***

117

Pelitre de África

Anacyclus pyrethrum var. *pyrethrum* (Asteráceas)

f. Pyrèthre vraie it. Piretro i. Longwort a. Römischer Bertram

a 20-30 cm mayo-ag. vivaz

El médico inglés N. Culpeper (1652) la alaba por la facilidad con la que libra el cerebro de "humores flemáticos". En medicina popular se toma la raíz contra el dolor de muelas y para estimular la salivación, en dolencias reumáticas y como afrodisíaco. La planta procede de India y se usa en la medicina ayurvédica.

Hábitat *En torno a la zona mediterránea, cultivada, por ejemplo, en Argelia.*

> ***hojas alternas, lisas, pinnadas***

Pie de gato

Antennaria dioica var. *dioica* (Asteráceas)

c. Pota de gat f. Pied da chat it. Sempiterni di montagna i. Catsfoot a. Gewöhnliches Katzenpfötchen

a 10–20 cm mayo–jun. vivaz

Hábitat *Céspedes pobres y pastos, brezales, pinares. Sobre suelos ligeramente ácidos. Europa, Asia.*

> ***indicadora de suelos pobres***
> ***planta dioica***
> ***brácteas de las flores masculinas blancas, rosas las de las femeninas***

capítulos masculinos

En los capítulos secos hay toda una serie de sustancias que la medicina oficial ya no valora mucho. La medicina popular recomienda infusión en los trastornos de la vesícula y el hígado, y también en casos de diarrea y resfriados. Las flores son un aditamento decorativo de las mezclas de hierbas para infusiones.

capítulos femeninos

hojas basales espatuladas

Esparraguera

Asparagus officinalis (Esparragáceas)

c. Esparreguera e. Esparragoa g. Esparragueira p. Espargo-hortense f. Asperge it. Asparago i. Asparagus a. Gemüsespargel

a 30–150 cm mayo–jul. vivaz

Hábitat *Originaria posiblemente del Mediterráneo oriental, pronto cultivada y raramente asilvestrada en lugares arenosos y secos en verano.*

> ***se consumen los brotes jóvenes***
> ***el fruto es una baya esférica roja***
> ***flores masculinas y femeninas en plantas diferentes***

flores colgantes, acampanadas

Los brotes salen de un rizoma en el que se encuentran concentraciones de sustancias activas mucho más elevadas que en los tallos. La raíz es diurética y se receta en infusión para las inflamaciones de la vejiga y los riñones. Con esta prescripción aparece en los medicamentos. La medicina popular usa el espárrago en casos de reuma y gota.

ramas laterales como agujas

ramas laterales

flores unisexuales, de 4–7 mm de l.

Maya, margarita

Bellis perennis (Asteráceas)

c. Margaridoia perenne e. Ostaiska g. Belorita p. Margarida-dobrada f. Pâquerette it. Margheritina i. Daisy a. Gänselblumchen

a 5-15 cm en.-nov. vivaz

La insignificante maya aparece citada en todos los herbarios importantes como "apropiada" para todas las enfermedades. Actualmente desempeña un papel importante en homeopatía en caso de contusiones y enfermedades de la piel. En medicina popular, las hojas frescas se consumen en ensaladas de primavera. Los principios amargos, los flavonoides y el aceite esencial estimulan el metabolismo. También es habitual emplearla externamente en enfermedades de la piel, furúnculos y heridas con pus.

Hábitat *Céspedes y jardines en parques, prados, pastos. Sobre suelos ricos en nutrientes. Casi toda Europa.*

- > ***extendida, indicadora de nutrientes***
- > ***soporta el recorte del césped***
- > ***capítulos en tallos sin hojas***

Consejo de salud

Loción para pieles con impurezas: dejar en reposo por la noche y a temperatura ambiente 1 c. de maya (hojas y flores) y violetas en 1 litro de agua. Hacer enjuagues con la loción.

Carlina, cardo ajonjero

Carlina acaulis (Asteráceas)

c. Carlina cardiguera e. Eguzi-lore-luzea f. Carline argentée it. Carlina bianca
i. Stemless carline thistle a. Silberdistel

a 5–60 cm jul.-sept. vivaz

***Hábitat** Pastos y prados pobres, céspedes secos, laderas pedregosas. Sobre suelos calcáreos. Europa central y oriental, montañas del S, Alpes.*

> **los capítulos se cierran con tiempo húmedo**
> **el ganado la rechaza**
> **brácteas involucrales externas, sin lígulas**

La raíz seca la utiliza exclusivamente la medicina popular. Es diurética y sudorífica, y se receta en casos de fiebre, resfriados e indigestiones y, externamente, en heridas y dolencias cutáneas. Los elogios que recibe en los antiguos herbarios proceden de un malentendido: los autores se basaban en Dioscórides, que se refería a una planta muy diferente.

Manzanilla romana

Chamaemelum nobile (Asteráceas)

c. Camamilla romana e. Bitxilora g. Macela p. Camomila-romana f. Camomille romaine
it. Camomilla romana i. Roman chamomille a. Römische Kamille

a 10–50 cm jun.-oct. vivaz

***Hábitat** Zona mediterránea, O y S de Europa, NO de África, Azores.*

> **se usa como la manzanilla**
> **capítulos de formas cultivadas sólo con lígulas**

En el O y S de Europa es una especie tan conocida como la manzanilla y con frecuencia se confunden, pues ambas son antiinflamatorias y espasmolíticas. La infusión que se prepara con los capítulos secos se usa en caso de trastornos digestivos, gases, trastornos menstruales, como tranquilizante y para lavar heridas.

Lirio de los valles, muguete

Convallaria majalis (Liliáceas)

c. Muguet p. Lirio-dos-vales f. Muguet it. Mughetto i. Lily-of-the-valley
a. Gewöhnliches Maiglöckchen

a 10–20 cm mayo–jun. vivaz ☠

La planta es muy venenosa y no hay que automedicarse con ella. Tanto la hierba como las flores contienen glucósidos cardiotónicos como la dedalera (p. 50). La medicina oficial la receta en preparaciones estandarizadas para la insuficiencia cardíaca, al igual que la homeopatía. A pesar de su toxicidad, la medicina popular la usaba mucho.

flores inclinadas

hojas con nervios paralelos

bayas rojas

Hábitat *Bosques planifolios. Sobre suelos flojos y profundos. Europa, Asia.*

> ***flores sobre tallos angulosos, dirigidas hacia un lado***
> ***sólo 2 hojas, superpuestas***

flores acampanadas, con 6 lóbulos

Eucalipto

Eucalyptus globulus (Mirtáceas)

c. Eucaliptus e. Eukalitu p. Eucalipto-comum f. Eucalyptus it. Eucalitto blu
i. Blue gum a. Blaugummibaum

a h. 40 m febr.–jul. árbol

hojas falciformes

La medicina aborigen lo usa como medicamento febrífugo y antiinfeccioso. Como el árbol llegó a Europa en el s. XIX, aquí no tiene ninguna tradición popular. El aceite es espasmolítico y antibacteriano, tanto interna como externamente en caso de enfriamientos, asma y reuma. Algunos pacientes no soportan el contacto directo con el aceite.

hojas firmes y coriáceas

Hábitat *Originario del SE de Australia y Tasmania, cultivado en la zona mediterránea.*

> ***cultivado, alrededor de pantanos para desecarlos***
> ***hojas siempre verdes***
> ***sólo sépalos, ningún pétalo***

sólo se ven los estambres

Manzanilla

Matricaria recutita (Asteráceas)

c. Camamilla e. Kamamila arrunta g./p. Camolila f. Petite camomille it. Camomilla comune i. Wild chamomile a. Echte Kamille

a 15–50 cm mayo–ag. anual

Hábitat *Arcenes de carreteras y caminos, campos de cereales, yermos. Originaria del Mediterráneo oriental, extendida por todo el mundo.*

> ***flores olorosas al triturarlas***
> ***indicadora de suelos limosos***
> ***planta medicinal muy antigua***

Las flores contienen todo un cóctel de sustancias activas que se han usado aisladas o juntas. La medicina oficial, la popular, la homeopatía y la industria farmacéutica están de acuerdo: sirve en casos de inflamación del conducto gastrointestinal, trastornos menstruales, enfermedades del hígado y la vesícula, inflamación de las mucosas y, externamente, para enfermedades cutáneas. Se administra en forma de té, baños, enjuagues o inhalaciones.

Consejo de salud

Infusión para molestias gastrointestinales (no de bolsitas baratas, sino de flores de manzanilla vendidos en farmacias o herbolarios): se vierte agua hirviendo sobre 1 C. colmada de flores, se deja reposar 5–10 minutos y se cuela. Se bebe templado y sin endulzar entre las comidas.

Pelitre de Dalmacia

Tanacetum cinerariifolium (Asteráceas)
p. Piretro e. Milatz f. Pyrèthre à Dalmatie it. Piretro di Dalmazia i. Pellitory
a. Dalmatiner Insektenblume
a 30–60 cm mayo–jun. vivaz

Las flores contienen piretrina, que bloquea determinados conductos nerviosos de los insectos y les provoca la muerte. Este grupo de sustancias son inocuas para los mamíferos. Antes se utilizaba contra las lombrices intestinales, pero hoy se emplea contra los piojos y sus huevos (liendres).

Hábitat *Superficies abiertas, yermos. Península balcánica, antes cultivado en Europa.*

> ***la planta despide un olor aromático***
> ***capítulos solitarios, lígulas blancas y flósculos amarillos***

Magarza

Tanacetum parthenium (Asteráceas)
c. Camamilla borda g./p. Matricária f. Grande chamomille it. Amareggiola i. Feverfew
a. Mutterkraut
a 30–60 cm jun.–ag. vivaz

Las hojas se usan como insecticida y en cataplasmas para contusiones y reumas. En la Antigüedad, los romanos la conocían como desencadenante de la menstruación y la usaban en los partos. En Gran Bretaña, las hojas frescas se comían contra la migraña: una prescripción controvertida. No debe usarse ni durante el embarazo ni en la lactancia. Puede causar alergia por contacto.

Hábitat *Jardines, arcenes, yermos. Originaria del SE de Europa (Balcanes), Asia.*

> ***planta de olor aromático a desagradable***
> ***capítulos con lígulas y flósculos o sólo con flósculos o con lígula***

Cebolla albarrana

Urginea maritima (Liliáceas)

c. Ceba marina e. Asta-tipula g. Alvarra p. Cebola-marinha f. Scille marine i. Sea Squill a. Meerzwiebel

a 50-150 cm ag.-oct. vivaz ☠

Hábitat *Rocas, pastos, garrigas, playas arenosas. Sólo en la zona mediterránea.*

- ***bulbo de h. 3 kg***
- ***las hojas aparecen mucho antes que la flor***
- ***flores en altos racimos***

Las escamas del enorme bulbo contienen glucósidos cardiotónicos. Debido a su toxicidad, los bulbos sólo los receta el médico en caso de insuficiencia cardíaca y mal funcionamiento del riñón. Los informes procedentes de la Antigüedad sobre sus virtudes curativas no son todos aplicables a esta especie. El veneno mortal de una variedad roja muy emparentada actúa de modo específico sobre las hembras de roedores.

Vedegambre

Veratrum album (Liliáceas)

c. Veladre e. Baladre g. Surbia p. Eléboro-branco f. Vératre blanc it. Veratro i. White false helleborine a. Weisser Germer

a 50-150 cm jun.-ag. vivaz

Hábitat Prados alpinos, *prados cenagosos, bosques de riberas prealpinos, montañas del S de Europa, Asia.*

- ***forma densas inflorescencias***
- ***hojas por debajo amplias y ovales, por arriba estrechas y paralelinervias***
- ***pétalos de 10-20 mm de l.***

La fuerte raíz contiene alcaloides muy tóxicos (1-2 g ya son mortales). Esta planta es especialmente peligrosa, pues puede confundirse con la genciana amarilla. A pesar de eso, se recetaba en casos de trastorno del ritmo cardíaco, espasmos, cólera, fiebre y, externamente, de reuma y gota. Actualmente sólo se utiliza en homeopatía.

Castaño de Indias

Aesculus hippocastanum (Hipocastanáceas)

c. Castanyer d'Índia e. Indigaztainondo errunta g. Castiñeiro das bruxas p. Castanheiro-da-India f. Marronnier d'Inde it. Castagno d'India i. Horsechestnut a. Gewöhnliche Rosskastanie

a h. 20 m mayo-jun. árbol

Mientras que la medicina sólo usa las semillas por la saponina, en medicina popular sirven las hojas, las flores y las raíces. La aescina se halla en los medicamentos contra la debilidad venosa, edemas, varices y hemorroides. Además, se recomienda en forma de friegas y baños en casos de contusiones y trastornos del riego sanguíneo. La medicina popular utiliza las hojas para el reuma, la trombosis, la flebitis y las hemorroides.

Hábitat *Originaria del SE de Europa (Balcanes) y plantado como ornamental en jardines y calles, a veces asilvestrada.*

- ***flores bisexuales o unisexuales***
- ***flores en inflorescencias erguidas***
- ***folíolos de h. 20 cm de l.***

Consejo de salud

Como los medicamentos a la venta ya cubren las principales indicaciones, he aquí una tintura casera: el aguardiente o coñac en el que se han puesto hojas, corteza y flores sirve contra el reuma, aplicado en friegas.

Acanto

Acanthus mollis (Acantáceas)

c. Herba carnera e. Molorrika g. Herba carneira f. Acanthe molle it. Acanto i. Bear's breech a. Weicher Akanthus

a 50–120 cm marz.-jun. vivaz

Hábitat *Baldíos, matorrales, garrigas, en Europa central en jardines y macetas. Zona mediterránea.*

> ***el modelo de las hojas de acanto en la arquitectura***
> ***raíz axonomorfa negra y ramificada***

En sus hojas se inspiró el escultor griego Calímaco en el s. v a. C. cuando creó el capitel de hojas de acanto. Poco después aparece como planta medicinal. Las hojas se usan externamente para quemaduras y esguinces e, internamente, contra gases, espasmos y neuralgias, pero sólo en medicina natural.

Hierba Luisa

Aloysia triphylla (Verbenáceas)

c. Marialluïsa e. Berbena limoiusain p. Cidrila f. Vervene odorante it. Cedrina i. Lemon plant a. Zitronen-Verbene

a 1–2,50 m ag.-sept. arbusto

Hábitat *Originaria de Sudamérica, introducida en Europa como ornamental plantada en jardines y macetas.*

> ***las hojas trituradas huelen a limón***
> ***hojas generalmente en verticilos de tres***

Las hojas secas contienen aceites esenciales, mucílagos y otras sustancias. La infusión se bebe sobre todo en Francia contra trastornos digestivos, insomnio y nervios. El aceite puro también se usa en perfumería. Por el fresco sabor de las hojas se mezcla con otras hierbas en infusiones.

Eufrasia

Euphrasia officinalis ssp. *rostkoviana* (Escrofulariáceas)
c. Eufràsia e. Begi-belar f. Euphraise 'casse-lunettes' it. Eufrasia i. Eyebright
a. Grossblütiger Augentrost
a 5-45 cm mayo-oct. anual

Aunque contiene toda una serie de sustancias activas, su uso en medicina popular se basa en la teoría de la signatura: las flores se parecen a un ojo, por lo que sirven para la inflamación y la fatiga ocular. Además, se usa para la tos, resfriados y trastornos gástricos. Con las plantas silvestres recogidas hay peligro de infección.

Hábitat *Pastos y prados pobres, prados de montaña, turberas llanas. Sobre suelos poco calcáreos. Europa.*

> ***tallos hirsutos, con pelos glandulares***

> ***flores en las axilas foliares superiores***

Ruda cabruna

Galega officinalis (Fabáceas)
c. Galega p. Falso-anil f. Sainfoin d'Espagne it. Capraggine i. Goat's rue
a. Gewöhnliche Heissraute
a 60-120 cm jun.-ag. vivaz

Contiene una sustancia que, en experimentos de laboratorio, hace disminuir el azúcar de la sangre (galeguina). La medicina oficial prefiere, para tratar la diabetes con el mismo efecto, medicamentos más probados. A esto se añade que se conocen moléculas venenosas del tipo galeguina. La medicina popular lo conoce como diurético y galactógeno.

Hábitat *Originaria del Mediterráneo oriental, en yermos y baldíos, terraplenes y asilvestrada en arcenes.*

> ***flores de blancas a lila claro***

> ***hojas imparipinnadas; folíolos con ápices marcados***

Soja

Glycine max (Fabáceas)

c. Soia e. Soja g. Soia f. Soja it. Soja i. Soybean a. Sojabohne

a 30–100 cm jul.-ag. anual

Hábitat *Originaria de Asia oriental, cultivada mundialmente como alimenticia y oleaginosa.*

> ***sólo se conoce la forma cultivada***
> ***flores de blancas a violeta pálido***
> ***hojas con largos pecíolos, trifoliadas***

El aceite de soja no es sólo un alimento, sino que también pertenece al grupo de sustancias farmacéuticamente activas. En forma de aceites y ungüentos sirve de vehículo a otras sustancias e introducido en la dieta baja el nivel de colesterol. Posee componentes semejantes a las hormonas que, en la menopausia, pueden prevenir la osteoporosis, las enfermedades cardiocirculatorias y tal vez el cáncer.

Graciola

Gratiola officinalis (Escrofulariáceas)

c. Graciola e. Alarda p. Erva-do-pobre f. Gratiole it. Graziola i. Hedge hyssop a. Gottesgnadenkraut

a 20–40 cm abr.-ag. vivaz

Hábitat *Prados, riberas. Sobre suelos turbosos muy húmedos. Asia, Europa.*

> ***planta lampiña***
> ***hojas sentadas, opuestas***
> ***flores pecioladas, en las axilas foliares superiores***

Las partes aéreas contienen un potente veneno: esta planta no es para inexpertos. Sin embargo, fue utilizada por los herboristas: es un purgante fuerte y un remedio para la gota y las dolencias hepáticas. Externamente se aplicaban preparados con partes secas de la planta en las enfermedades de la piel.

Ortiga muerta manchada

Lamium maculatum (Lamiáceas)

c. Lami maculat e. Asun borta g. Chupameles f. Lamier tacheté it. Dolcimele
i. Spotted Deadnettle a. Gefleckte Taubnessel

a 20–50 cm abr–oct. vivaz

Cuando no está en flor recuerda a la ortiga, pero carece de pelos urticantes. Aunque flores y hojas se usan en la medicina popular en homeopatia, en fitoterapia no se usa tanto. La infusión se bebe en casos de catarro de las vías respiratorias, trastornos gastrointestinales, sensación de plenitud y gases. Externamente se usaba en forma de cataplasmas y baños en inflamaciones cutáneas superficiales y menstruaciones dolorosas.

Hábitat *Caminos, setos, arcenes, zanjas, jardines. Muy extendida, Europa y Asia.*

- ***indicadora de nitrógeno***
- ***flores labiadas, en un anillo en las axilas foliares***
- ***hojas opuestas***

Consejo de salud

Para tranquilizar y combatir el insomnio: se vierte agua en 1–2 c. de flores por taza y se pone a hervir. Cuando ha reposado 5 minutos se cuela y se bebe en seguida, endulzado con miel.

Pie de lobo

Lycopus europaeus (Lamiáceas)

c. Malrubí d'aigua e. Lekuzi-belarr p. Marroio-de-água f. Lycope d'Europe it. Erba sega i. Gipsy-wort a. Ufer-Wolfstrapp

a 20–130 cm jul.-sept. vivaz

Hábitat *Cañaverales, orillas, zanjas. Sobre suelos de húmedos a muy húmedos. Europa, Asia, N de África.*

> ***flores labiadas, formando un anillo en las axilas foliares***
> ***hojas opuestas, de dentadas a profundamente hendidas***

La medicina oficial lo ha introducido en sus medicamentos. Hace que baje la actividad de la tiroides en casos de hipertiroidismo leve y modifica el nivel hormonal antes del período. Por eso alivia los síntomas premenstruales secundarios. En medicina popular se conoce como febrífugo.

Marrubio

Marrubium vulgare (Lamiáceas)

c. Malrubí e. Lekugi g. Herba dos lombos p. Erva-virgem f. Marrube it. Marrobio i. Horehound a. Gewöhnlicher Adorn

a 40–50 cm jun.-ag. vivaz

Hábitat *Arcenes, muros, escombreras, jardines. Zona mediterránea, rara al N de los Alpes.*

> ***planta con pelos afieltrados grises***
> ***flores labiadas, en inflorescencias casi esféricas***
> ***hojas arrugadas***

Es una de las plantas medicinales más antiguas conocidas y su nombre científico procede del hebreo. En la zona mediterránea, la hierba seca es un remedio extendido contra la pérdida del apetito y también contra los trastornos gastrointestinales, la sensación de hinchazón, gases, catarros de las vías respiratorias y, externamente, para curar las heridas. No debe usarse con úlceras gastrointestinales.

Melisa, toronjil

Melissa officinalis (Lamiáceas)

c. Tarongina e. Garraiska g. Herba abelleira p. Erva-cidreira f. Mélisse it. Melissa i. Balm a. Zitrone-Melisse

a 20–80 cm jun.-ag. vivaz

El perfume del aceite esencial se percibe cuando se trituran las hojas. Se halla en medicamentos, infusiones mixtas y en linimentos. Sirve en casos de trastornos cardíacos leves y gastrointestinales nerviosos. Es una hierba sedante, espasmolítica y calma el insomnio y los dolores reumáticos. En el "agua de melisa" hay también otros componentes.

Hábitat *Originaria del Mediterráneo oriental, al N de los Alpes raramente asilvestrada en lugares cálidos.*

> ***la planta huele a limón***
> ***flores labiadas, dirigidas hacia un lado***
> ***corola de blanca a amarillenta***

Hierbabuena, menta

Mentha spicata var. *crispa* (Lamiáceas)

c. Menta de bou e. Menda p. Hortelã-comum f. Baume vert it. Mentastro verde i. Spearmint a. Krause Minze

a 30–100 cm jul.-sept. vivaz

En las hojas existe un aceite esencial complejo al que debe la planta el olor y las propiedades medicinales. Una gran parte de este aceite se dedica a la elaboración de pastas dentífricas, colutorios bucales y chicles. Las hojas son aperitivas, digestivas y antiflatulentas. En caso de enfriamientos se inhala el aceite.

Hábitat *Origen incierto, sólo se conoce la planta cultivada, como medicinal o culinaria. A menudo asilvestrada.*

> ***planta muy ramificada***
> ***hojas opuestas, hendidas***
> ***flores de blancas a violeta pálido***

Alubia, judía

Phaseolus vulgaris (Fabáceas)

c. Mongetera e. Babarrun g. Feixó p. Feijão f. Haricot it. Fagiolo i. Garden bean a. Bohne

a 30 cm–4 m jun.–sept. anual

Hábitat *Originaria de Centro y Sudamérica, cultivada como verdura en todo el mundo.*

> ***formas arbustivas o trepadoras***
> ***flores amariposadas, de blancas a violeta claro***
> ***las vainas sin cocer son venenosas***

Tanto las semillas como las vainas secas son venenosas. La infusión y los preparados de las vainas los utiliza la medicina oficial y la popular como diuréticos. Los herboristas la usaban también en casos de diabetes, gota y acné (tal vez por las sales de cromo).

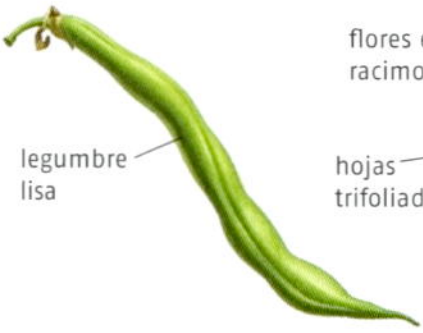

Alholva

Trigonella foenum-graecum (Fabáceas)

c. Fenigrec e. Allurbe p. Alforvas f. Foin grec it. Fieno-greco i. Fenugrec a. Griechischer Bockshornklee

a 10–50 cm jun.–jul. anual

Hábitat *Cultivada en el S de Europa. Originaria del SO de Asia.*

> ***raíz axonomorfa profunda***
> ***semillas con olor desgradable***
> ***pétalos blanco amarillentos***

Las semillas las alababan en los papiros egipcios y los médicos árabes. En tiempos de Carlomagno se extendió al N de los Alpes. Externamente, se usa en cataplasmas contra los furúnculos e, internamente, en casos de inapetencia. Además, las semillas sirven para los catarros de las vías respiratorias y la diabetes.

Verbena

Verbena officinalis (Verbenáceas)

c. Berbena e. Izuska g. Herba da cruz p. Girbao f. Verveine it. Verbena i. Vervain
a. Gewöhnliches Eisenkraut

a 30–100 cm jul.–sept. anual a vivaz

Ya en época de los celtas se aprovechaban sus propiedades curativas, que la medicina oficial pone en tela de juicio. Se usan las partes superiores de los brotes con las hojas, en seco. Contiene glucósidos, flavonoides y algo de aceite esencial. Es diurética y galactógena. Cura las inflamaciones de la boca, la garganta, el estómago y los intestinos, así como el aparato urinario. En la terapia floral de Bach, la verbena *(vervain)* relaja y hace más abierto a los consejos de los demás.

Hábitat *Yermos, pastos, arcenes, muros. Muy extendida. Europa (no en el N), N de África, SO de Asia.*

> ***flores de blanquecinas a lila pálido***
> ***tallo cuadrangular***

Consejo de salud

Infusión para trastornos gástricos leves: se vierte agua hirviendo sobre 1 c. colmada de la hierba y se deja 5 minutos reposando. Se cuela y se bebe enseguida, antes de que se enfríe.

Escabiosa mordida

Succisa pratensis (Dipsacáceas)

c. Escabiosa mossegada p. Morso-diabólico f. Mord du diable i. Morso del diavolo it. Devil's bit scabious a. Gewöhnlicher Teufelsabbiss

a 15–80 cm jul.-sept. vivaz

Hábitat *Prados cenagosos, turberas llanas, prados húmedos y pobres, prados de montaña. Sobre suelos pobres. Europa central, O de Asia.*

> ***hojas en una roseta basal***
> ***hojas caulinares opuestas***
> ***raíz como mordida***

La raíz, que parece como mordida (por el diablo, según se creía antes), solo se usa en homeopatía y en medicina popular. Era un remedio casero contra la tos y la ronquera, mucolítico y purificador sanguíneo e incluso se usaba contra las lombrices (vermífugo). En forma de cataplasma curaba úlceras y contusiones.

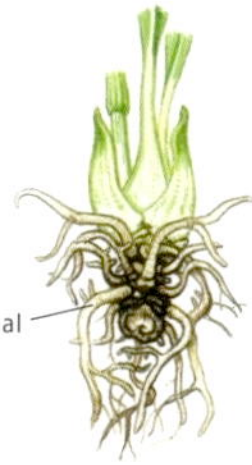

Becabunga

Veronica beccabunga (Escrofulariáceas)

c. Becabunga g. Verónica p. Morrião d'água f. it. i. Water pimpernel a. Bachbungen-Ehrenpreis

a 20–60 cm mayo-ag. vivaz

Hábitat *Orillas de arroyos, zanjas, cañaverales, Fuentes. Sobre suelos muy húmedos o anegados. Europa, Asia, N de África.*

> ***flores en inflorescencias opuestas, con largos pedúnculos***
> ***tallos de postrados a ascendentes***

Se recoge en la época de floración y apenas sí se utiliza. Antes, como cura de primavera, se comían las hojas en ensalada y para prevenir el escorbuto. Se consideraba diurética, laxante y aperitiva, y que deshacía las piedras de la vejiga y combatía el reuma, las enfermedades cutáneas y el sangrado de las encías.

Verónica

Veronica officinalis (Escrofulariáceas)

c. Verònica oficinal g. Herba da triaga p. Verónica-das-boticas f. Véronique officinale it. Veronica i. Speedwell a. Echter Ehrenpreis

a 10–20 cm jun.–ag. vivaz

Sólo la medicina popular la usa en todo tipo de enfriamientos, trastornos digestivos, como infusión diurética y contra el reuma. La infusión en gargarismos alivia las inflamaciones de la garganta y la boca, y bebida está indicada contra las subidas de calor del climaterio. La homeopatía receta las diluciones en casos de eczemas y bronquitis.

Hábitat *Brezales, prados pobres, calveros, arcenes. Sobre suelos de pedregosos a arenosos. Europa, O de Asia.*

> ***indicadora de suelos ácidos***
> ***tallos erguidos sólo en la zona de la inflorescencia***
> ***tallos gruesos y totalmente pelosos***

Consejo de salud

Baño tranquilizante: Se cuece un puñado de la hierba en 1 litro de agua, se cuela y se añade al agua caliente del baño. Mantenerse relajado durante 20 minutos en el baño.

Palomilla de tintes

Alkanna tuberculata (Boragináceas)

c. Pota de colom e. Astoezpain f. Orcanette tinctoriale it. Arganetta azzurra i. Alkanet a. Schminkwurz

a 10–30 cm abr.–jun. vivaz

Hábitat *Costas arenosas o rocosas, yermos. Zona mediterránea, en Centroeuropa plantada en jardines.*

> ***tallos de postrados a ascendentes***
> ***hojas estrechas, las superiores con base acorazonada***

En la corteza de la raíz hay un pigmento rojo que durante mucho tiempo se usó como alimento y en cosmética. Es un remedio astringente usado contra la diarrea y las enfermedades de la piel. Contiene además alcaloides pirrolizidínicos, que dañan el hígado y son cancerígenos. Además, en algunos lugares está prohibido su uso externo.

Aguileña

Aquilegia vulgaris (Ranunculáceas)

c. Corniol e. Kukupraka g. Herba do pito p. Aquilégia f. Clochette it. Aquilegia i. Columbine a. Gewöhnliche Akelei

a 40–80 cm mayo–jul. vivaz ☠

Hábitat *Bosques planifolios claros, matorrales, prados, setos, Europa, Asia, N de África.*

> ***también con flores de color diferente en jardines***
> ***hojas trifoliadas***

Los animales conocen esta planta venenosa y no la tocan. La hierba fresca se receta en homeopatía contra los trastornos nerviosos y menstruales. La medicina popular la usaba para combatir las erupciones cutáneas y sirve de remedio para las dolencias de la vesícula y el hígado, y los trastornos gastrointestinales.

Borraja

Borago officinalis (Boragináceas)
c. Borratja e. Borroin g./p. Borragem f. Bourrache officinale it. Borrana i. Borage a. Boretsch

a 20-80 cm mayo-sept. anual

Mientras que el aceite prensado en frío es inocuo y se utiliza en la industria alimentaria, la hierba contiene trazas de los peligrosos alcaloides pirrolizidínicos. En forma de condimento para los pepinos es inofensiva. Como remedio casero se empleaba contra la tos y las inflamaciones de riñón y vejiga, pero ya no se usa.

Hábitat *Originaria de la zona mediterránea, al N de los Alpes cultivada en jardines y asilvestrada.*

> ***la planta huele a pepino***
> ***hirsuta***
> ***las hojas superiores se continúan en el pecíolo***

Lino

Linum usitatissimum (Lináceas)
c. Lli e. Li g. Liño p. Linho f. Lin it. Lino i. Flax a. Flachs

a 30-60 cm jun.-jul. anual

El lino es una de las plantas cultivadas más antiguas de la humanidad. Se conocía en Egipto como planta textil y medicinal. La gran cantidad de mucílago de la cubierta seminal se hincha en el intestino y estimula los movimientos peristálticos, por lo que es un laxante suave. Externamente es un remedio contra las úlceras e Hildegarda de Bingen lo recomendaba para las quemaduras.

Hábitat *Posiblemente originaria de la zona mediterránea, raramente asilvestrada fuera de los cultivos.*

> ***cultivada desde la Edad de Hierro***
> ***hojas estrechas, opuestas***
> ***inflorescencia con h. 10 flores***

Mandrágora, uva de moro

Mandragora autumnalis (Solanáceas)

c. Mandràgora e. Urrillo f. Mandragore it. Mandragora i. Autumn mandrake a. Herbst-Alraune

a 10–20 cm sept.-nov. vivaz ☠

Hábitat *Arcenes y yermos de la zona mediterránea.*

> ***tallos muy agrupados***
> ***flores con cortos pedúnculos, azul violetas***
> ***el fruto es una baya rojo amarillenta***

Siempre ha sido una planta más mágica que medicinal. En el conocido recetario egipcio (papiro Ebers, 1550 a. C.) es tan citada como entre los griegos, los romanos o en el mundo medieval. El motivo de que fuera tan preciada contra las enfermedades y por su poder mágico radica en la sorprendente forma de la raíz, que recuerda una figura humana (que se acentuaba al modelarla ligeramente). La raíz contiene alcaloides venenosos que se usan como somníferos y analgésicos.

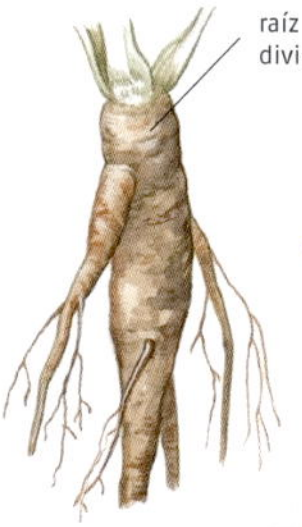

¿Lo sabía?

Al parecer la mandrágora lanzaba un grito mortal cuando la arrancaban. Por eso, el experto hacía que este trabajo lo llevara a cabo un perro mientras él soplaba a lo lejos un cuerno con fuerza, a fin de no oír el terrible grito.

Dulcamara

Solanum dulcamara (Solanáceas)

c. Dolçamara e. Azari matz g./p. Dulcamara f. Douce-amère it. Dulcamara i. Bittersweet a. Bittersüsser Nachtschatten

a 30–200 cm jun.-ag. arbusto ☠

anteras de un amarillo característico

Antes se recetaban los tallos y los brotes jóvenes como diuréticos y laxantes, contra las náuseas, la bronquitis crónica, el asma y las enfermedades de la piel. Debido a su toxicidad sólo es importante en forma de preparados contra el eczema y en homeopatía.

Hábitat *Zanjas, matorrales, orillas, bosques de ribera. Sobre suelos de muy húmedos a húmedos, Europa, Asia, N de África.*

> ***tallos sólo con la base ramificada***
> ***ramitas retorcidas o enganchadas con las hojas***

bayas ovadas, rojas

flores tubulosas, con 5 segmentos

Vincapervinca, hierba doncella

Vinca minor (Apocináceas)

c. Vinca petita e. Inkonte belar txiki p. Congossa f. Petite pervenche it. Pervinca i. Lesser periwinkle a. Kleines Immergrün

a 15–20 cm abr.-mayo vivaz ☠

La planta contiene el alcaloide vincamina. La medicina oficial lo receta en forma de producto ya preparado contra los trastornos circulatorios cerebrales y de oído interno. La medicina popular utilizaba la hierba externamente contra hematomas y eczemas y en gargarismos. También se usaba en caso de deficiencias de la memoria. Se desaconseja la automedicación.

Hábitat *Bosques planifolios. Sobre suelos ricos en nutrientes. Europa, O de Asia, también asilvestrada de los jardines.*

> ***siempre verdes***
> ***tallo rastrero, que forma raíces en los nudos***

hojas opuestas

pétalos un poco asimétricos

flores de 2–3 cm de an.

Aciano, azulejo

Centaurea cyanus (Asteráceas)

c. Blauet e. Nabarr lore f. Bleuet it. Fioraliso i. Blue cornflower a. Kornblume

a 30–60 cm jun.-oct. anual

Hábitat *Campos de cereales, escombreras. Prefiere suelos ligeros. Originario del Mediterráneo occidental.*

> **se extendió con los cultivos de cereales**
> **capítulos solitarios**
> **tallos con fieltro blanco**

Las bellas flores de color azul intenso sirven hoy, a lo sumo, para dar una nota especial de color a otras infusiones. Cuando los campos de cereales no se rociaban tanto con pesticidas, se utilizaba la planta como remedio casero contra la falta de apetito, los trastornos digestivos, como mucolítico y contra la caspa.

Achicoria silvestre

Cichorium intybus (Asteráceas)

c. Xicoira e. Orikatxo g. Chicoria f. Chicorée sauvage it. Radicchio i. Chicory a. Gewöhnliche Wegwarte

a 30–150 cm jul.-oct. vivaz

Hábitat *Arcenes de caminos y carreteras, yermos, terraplenes. Sobre suelos ricos en nutrientes. Europa, Asia.*

> **poco ramificada**
> **de las heridas brota un látex blanco**
> **los capítulos solo se abren por la mañana**

Seguramente ya han pasado los grandes tiempos del café de achicoria que se obtenía de la raíz tostada. Antes servía como sucedáneo (sin cafeína) del café, que era más caro. La raíz ha tenido siempre su importancia como aperitiva, diurética y digestiva. En la terapia floral de Bach, la achicoria ayuda a los padres a dejar libres a sus hijos.

Azafrán

Crocus sativus (Iridáceas)

c. Safranera e. Azafrai g. Azafrán p. Açafraao f. Safran it. Zafferano i. Saffron a. Echter Safran

a 10–30 cm sept.-nov, vivaz ☠

Los filamentos de azafrán se componen de un fragmento del estilo, que se divide en tres ramas. Es venenoso, aunque las pequeñas cantidades usadas en la cocina son inofensivas. Como remedio homeopático se usa en diluciones altas contra espasmos, hemorragias nasales y depresiones. Estimula la musculatura del útero y se usó como abortivo; con peligro de muerte debido a las cantidades requeridas. Las embarazadas no deben usarlo ni siquiera como condimento.

Hábitat *Posiblemente originaria del S de Europa. Forma silvestre desconocida. Cultivada sobre todo en España.*

> ***garganta de la flor pelosa***

> ***hojas estrechas, con rayas centrales blancas***

¿Lo sabía?

El azafrán es actualmente la especia más cara del mundo: para 100 g de azafrán se necesitan 20 000 flores. Estas tienen que recogerse a mano, pues ninguna máquina puede extraer las delicadas hebras.

Alcaucil silvestre, cardo de arrecife

Cynara cardunculus (Asteráceas)

c. Herba-col e. Kardabera g. Carrapito p. Cardo-coalhador f. Chardonette it. Cardone i. Prickly artichoke a. Wilde Artischoke

a 50–150 cm abr.-ag. bienal

Hábitat *De origen mediterráneo o de Etiopía, cultivada en toda la zona mediterránea.*

> ***forma silvestre de la alcachofa***
>
> ***hojas de simples a muy divididas***

Así como el involucro y el tálamo o receptáculo constituyen la conocida alcachofa, el remedio curativo se obtiene de las hojas basales de la planta aún sin florecer. Se receta en forma de extracto como digestivo y sobre todo para proteger el hígado. Un baño de hierbas mediterráneo recomienda el zumo de alcachofa en vino como tónico para el hígado.

Hepática

Hepatica nobilis var. nobilis (Ranunculáceas)

c. Herba fetgera e. Gibel-belarra f. Hépatique it. Erba trinità i. Liverwort a. Gewöhnliches Leberblümchen

a 5–15 cm marzo-abr. vivaz ☠

Hábitat *Hayedos y robledales. Sobre suelos limosos sueltos. Europa menos el O.*

> ***indicadora de cal en el suelo***
>
> ***flores solitarias, de h. 3,5 cm de ancho***
>
> ***hojas verdes en invierno, aparecen tras la floración***

La planta fresca es venenosa y sólo la receta la homeopatía para la bronquitis y la faringitis. Como la forma de la hoja recuerda la del hígado según la teoría de la signatura, se usó para el hígado "atascado" y todo tipo de dolencias del hígado, la vejiga o los riñones.

Lirio cárdeno

Iris germanica (Iridáceas)

c. Lliri blau e. Uztarki-belarr g. Flor de lis p. Lírio-cárdeno f. Iris d'Allemagne
it. Giaggiolo paonazzo i. German iris a. Deutsche Schwertlilie

a 30-100 cm mayo-jun. vivaz

Debido a la belleza de las flores y la virtud curativa del rizoma, famosa desde la Antigüedad. Carlomagno ordenó que se plantase en los palacios reales. También en el famoso monasterio del abad Walafrido, en la isla de Reichenau, tuvo la "gladiola" un lugar fijo. La raíz desprende el mucílago que se usa en casos de enfriamientos y es, al parecer, un remedio para las náuseas, los gases y la insuficiencia circulatoria. Actualmente se halla en algunos productos ya preparados y se añade a cosméticos y licores.

Hábitat *Planta ornamental asilvestrada, originaria tal vez del Mediterráneo oriental.*

> ***cada planta con 3-5 flores de pedúnculos cortos***
>
> ***tépalos dirigidos hacia abajo y 3 hacia arriba***

¿Lo sabía?

Al rizoma seco se le llama "raíz de violeta". Antes se le daba a los bebés cuando echaban los dientes para que lo mordieran, pues alivia el dolor. Actualmente se recomienda no hacerlo debido al peligro de infecciones por microorganismos.

Matalobos azul, acónito

Aconitum napellus (Ranunculáceas)

c. Tora blava e. Ira-belarra g. Matalobos p. Carro-de-Vénus f. Aconit tue-loup
it. Aconito i. Wolfsbane a. Blauer Eisenhut

a 50-150 cm jun.-ag. vivaz ☠

Es un veneno mortal y especialmente peligroso porque el veneno, la aconitina, puede absorberse a través de la piel y las mucosas. Desde la Antigüedad se han transmitido casos de envenenamientos mortales e, incluso, los médicos medievales, amigos de experimentar, eran muy parcos a la hora de recetarla. La medicina moderna a veces usa el rizoma y la homeopatía lo emplea actualmente en caso de enfermedades cardíacas, procesos inflamatorios y fiebre.

Hábitat *Bosques de ribera, entre matas altas, arroyos, Fuentes. Montañas del S y C de Europa.*

> ***raíz engrosada con tubérculos***
> ***casco de la flor aprox. igual de ancho que de alto***
> ***indicadora de humedad y nutrientes***

¿Lo sabía?

El envenenamiento con el acónito se manifiesta en seguida por ardor en la boca, hormigueo y ataques de sudor alternados con frío. Se producen náuseas y vómitos. Hay que llamar en seguida al médico de urgencias y, mientras tanto, procurar que siga vomitando.

Búgula, consuelda media

Ajuga reptans (Lamiáceas)

c. Búgula e. Kirtagorri g. Corocha p. Consolda-média f. Petite consoude it. Erba di S. Lorenzo i. Common bugle a. Kriechender Günsel

a 10–30 cm mayo–ag. vivaz

Nunca tuvo mucho predicamento en medicina, pero se han transmitido algunos usos caseros. Al parecer, la planta era curativa, pero sólo si se recogía con luna nueva antes de la salida del sol. Se tomaba en caso de dolencias del hígado y la vesícula, inflamaciones de la boca y laringe y, externamente, para tratar heridas.

Hábitat *Prados, céspedes, matorrales, bosques. Extendida. Hemisferio norte.*

> **tallo cuadrangular, peloso en 2 lados**
> **inflorescencia espiciformes**
> **con estolones foliosos**

Espuela de caballero, consuelda real

Consolida regalis (Ranunculáceas)

c. Consolda real p. Esporas-dos-jardins f. Pied d'alouette it. Erba cornetta i. Forking larkspur a. Acker-Rittersporn

a 20–40 cm mayo–ag. anual ☠

Contiene alcaloides venenosos, que, sin embargo, sólo aparecen en pequeñas cantidades en las flores. Por eso se usan las flores como diuréticas y, en medicina popular, también para purificar la sangre. Actualmente, a lo sumo, forman parte de otras infusiones para adornar.

Hábitat *Campos de cereales, arcenes. Sobre suelos ricos en nutrientes, calcáreos. Casi toda Europa, O de Asia.*

> **extendida con el cultivo de cereales**
> **espolón de 15–30 mm de l. con nectarios**

Albarraz

Delphinium staphysagria (Ranunculáceas)
c. Estafisàgria e. Zorri belar p. Erva-piolheira f. Staphisaigre
it. Stafisagria i. Lousewort a. Stephanskraut

a 30–100 cm mayo–ag. anual ☠

Hábitat *Matorrales siempre verdes, macizos de malas hierbas. Zona mediterránea.*

> ***planta pelosa***
> ***flores en inflorescencias altas y laxas***

A diferencia de la espuela de caballero, su pariente próximo, se usan las semillas secas de esta planta. Contiene alcaloides muy venenosos y formaba parte de remedios analgésicos y antiespasmódicos. La medicina popular las usa en los dolores de muelas y como "hierba piojera" contra parásitos.

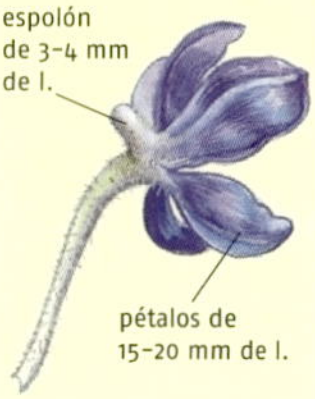

Dracocephalum moldavicum

Dracocephalum moldavicum (Lamiáceas)
c. Dracocèfal Ké a. Türkischer Drachenkopf

a 30–70 cm jul.–ag. anual

Hábitat *Originaria de Siberia h. el Himalaya, cultivada como planta útil en el E y C de Europa.*

> ***planta con olor aromático, como la melisa***
> ***flores unidas en falsas espigas***

Como llegó durante el s. XVI a Europa a través de Constantinopla, no aparece en los herbarios antiguos ni en los medievales. Las partes aéreas secas se emplean como condimento (sucedáneo de la melisa) y como planta medicinal. Son digestivas, tranquilizantes y espasmolíticas.

Hiedra terrestre

Glechoma hederacea (Lamiáceas)

c. Heura de terra e. Amuntz g. Herba terrestre p. Erva de São João f. Lierre terrestre it. Edera terrestre i. Ground ivy a. Gewöhnlicher Gundermann

a 10–40 cm abr.-jun. vivaz

Ya era una planta medicinal entre los germanos (vías respiratorias, digestión, fiebres intermitentes). Hildegarda de Bingen recibió ese saber y la recomendaba para "diversos trastornos de la cabeza", en forma de compota, bebida y cataplasmas. La medicina popular la usaba para gastroenteritis, diarreas, tos y enfermedades bronquiales. Externamente, en forma de enjuagues, es un remedio para las heridas que curan mal y las dolencias cutáneas.

Hábitat *Prados, bosques de ribera, márgenes de bosques, setos. Sobre suelos ricos en nutrientes. Europa, Asia.*

> **planta pionera**
> **verde en invierno**
> **tallos postrados con raíces en los nudos**

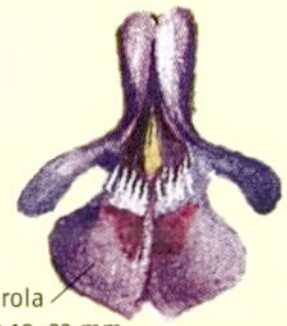

Consejo de salud

Infusión contra la indigestión y la inapetencia: se vierte agua hirviendo sobre 1–1 ½ c. de la hierba en flor seca, se deja reposar 5 minutos, se cuela y se bebe en seguida, antes de que se enfríe.

Viborera, culebrera

Echium vulgare (Boragináceas)

c. Llengua de bou e. Susegorri-belar g. Soaxe p. Erva-viperina f. Vipérine it. Erba viperina i. Viper's bugloss a. Gewöhnlicher Natternkopf

a 25–100 cm mayo–jul. bienal ☠

Hábitat *Comunidades de malas hierbas, caminos, yermos, escombreras. Sobre suelos pedregoso arenosos. Europa, Asia Menor, NO de África.*

> **el 1er año con la roseta foliar**
> **inflorescencia de h. 50 cm**
> **estambres y estilos salientes**

El médico inglés W. Coles (1656) la recomendaba contra las mordeduras de serpiente, pues las flores se parecían a la cabeza de una víbora o una serpiente (teoría de la signatura). La medicina popular centroeuropea recomendaba las raíces secas contra la epilepsia y las heridas difíciles de curar.

Hisopo

Hyssopus officinalis (Lamiáceas)

c. Hisop e. Urdingorri g./p. Hisopo f. Hysope it. Issopo i. Hyssop a. Ysop

a 20–80 cm jul.–oct. vivaz

Hábitat *Rocas, escombreras, garrigas. Zona mediterránea, Mar Negro.*

> **semiarbusto, con base leñosa**
> **de olor aromático**
> **hojas con glándulas oleosas**

Ya aparece citado en la Biblia para purificar a los leprosos. La medicina popular los usaba en las inflamaciones de la garganta, la ronquera y otras muchas enfermedades, desde el asma y la debilidad circulatoria hasta los dolores de ojos. Como el aceite esencial no es inocuo, el hisopo se ha de tomar sólo en cantidades muy pequeñas.

Lavanda, espliego

Lavandula angustifolia (Lamiáceas)

c. Espígol verd e. Izpiliku p. Alfazema f. Lavande vraie it. Lavanda
i. Common lavender a. Echter Lavendel

a 50–100 cm jul.-sept. arbusto

Quien haya visto en la Provenza, poco antes de la recolección, las largas filas de arbustos de lavanda y los numerosos productos en las tiendas de recuerdos, ya no podrá olvidarla. La infusión de las flores es tranquilizante, digestiva y calma estómago, intestinos y nervios. Por eso se pone la lavanda en bolsitas y almohadillas. El aceite esencial purificado se usa en la industria cosmética, en fricciones para el reuma o se añade al baño.

Hábitat *Rocas, garrigas. Originaria del S de Europa, muchas veces cultivada en el N como planta útil y ornamental.*

> ***arbusto denso, aromático***
> ***inflorescencia sobre un largo pedúnculo, que rebasa al arbusto***

hojas jóvenes afieltradas

Consejo de salud

Baño tranquilizante de lavanda: se ponen 50–60 g de flores en un litro de agua y se hierve. Tras 10 minutos de reposo se cuela en el agua caliente del baño; tras el baño hay que irse a la cama.

flor labiada, de 10–12 mm de l.

inflorescencia como una cabezuela

Espliego, alhucema

Lavandula latifolia (Lamiáceas)

c. Espígol comú e. Asta-izpilikua p. Alfazema-brava f. Lavande aspic it. Spigone i. Spike lavender a. Grosser Lavendel

a 50–100 cm jul.–sept. arbusto

Hábitat *Matorrales siempre verdes, maquia. S de Europa h. los Balcanes.*

> **arbusto denso, con olor a alcanfor**
> **brácteas de las flores lanceoladas**

El aceite esencial obtenido de las flores es el que tiene más propiedades curativas. Lo contienen productos empleados contra catarros de las vías respiratorias y remedios antirreumáticos para friegas. El párroco Kneipp usaba el aceite de lavanda con azúcar en gotas para mejorar la digestión.

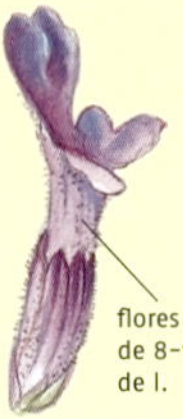

Grasilla

Pinguicula vulgaris (Lentibulariáceas)

c. Viola d'aigua e. Moko-bedar g. Grasilla p. Grasseta f. Grasette i. Marsh violet a. Gewöhnliches Fettkraut

a 5–15 cm mayo–jun. vivaz

Hábitat *Turberas fontinales y llanas. Horizontes acuíferos sobre suelos muy húmedos. Europa, Asia, N de América.*

> **planta insectívora**
> **hojas viscosas, en una roseta foliar**

Atrapa y digiere insectos para mejorar el aporte de nitrógeno. La medicina popular raras veces usa las hojas (antitusivo y contra los enfriamientos), pero componentes, como, por ejemplo, los enzimas digestivos de las hojas no justifican este uso. Es posible que la virtud curativa de la drosera se extendiera a esta planta.

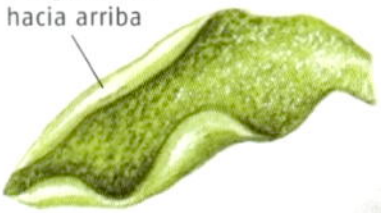

Polígala amarga, lechera amarga

Polygala amara (Poligaláceas)

c. Polígala de Virgínia f. Polygala sénègue it. Serpentella
i. Senega snakeroot a. Bitteres Kreuzblümchen

a 5–15 cm   mayo–jun.   vivaz

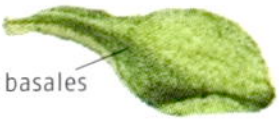

En el herbario medieval de Lonicerus se recomienda para aumentar la producción de leche en las vacas. No sólo era una planta curativa, sino que se añadía al forraje del ganado. También se recetaba para la tos, para estimular el apetito y en erupciones y heridas.

Hábitat *Céspedes pobres, cenagosos, horizontes acuíferos. Sobre suelos calcáreos. C y S de Europa.*

> ***pétalos, soldados, el inferior con segmentos provistos de flecos***
> ***brácteas no más largas que el pedúnculo floral***

Romero

Rosmarinus officinalis (Lamiaceae)

c. Romaní e. Erromeru g. Romeiro f. Romarin officinale it. Rosmarino i. Rosemary a. Rosmarin

a 50–200 cm   en.–dic.   arbusto

Si se tuvieran que describir todos los usos del romero, se llenarían muchas páginas. El aceite esencial favorece la circulación en casos de reuma y neuralgias, estimula la circulación y alivia gases y espasmos. Antes se ponía romero en los ramos de las novias para que les trajera suerte. Las embarazadas no deben usarlo.

Hábitat *Matorrales siempre verdes. Zona mediterránea, ampliamente extendido como medicinal y ornamental.*

> ***arbusto siempre verde, muy aromático***
> ***hojas enrolladas hacia abajo***

Salvia

Salvia officinalis (Lamiáceas)

c. Sàlvia e. Sobe g./p. Salva f. Sauge officinale it. Salvia i. Sage a. Echter Salbei

a 20–70 cm mayo–jul. arbusto

Hábitat *Originaria de la zona mediterránea, cultivada como planta culinaria y medicinal.*

> **olor aromático al triturarla**
> **semiarbusto, leñoso por debajo**
> **ramitas afieltradas**

Salvia viene del latín *salvare:* curar. Ya los médicos griegos y romanos conocían el efecto hemostático, diurético y antiflatulento de las hojas. Es antibacteriana, espasmolítica y disminuye la sudoración. Se usa en forma de gargarismos para las inflamaciones de la boca y la garganta, y como aditivo en colutorios y pastas dentífricas. Las hojas contienen un aceite esencial junto con la tuyona, que es venenosa. No debe sobredosificarse ni administrarse a embarazadas.

Consejo de salud

Infusión contra la sensación de plenitud y los gases: se vierte agua hirviendo sobre 1 c. de hojas trituradas por taza. Se deja reposar 10–15 minutos cubierto y se cuela. Se toman 3–4 tazas diarias; en gargarismos, 1–2 c. por taza.

Salvia griega

Salvia fruticosa (Lamiáceas)

p. Salva-trilobada i. Greek sage a. Griechischer Salbei

a 30–150 cm   marzo–jun.   arbusto

Las hojas contiene un aceite esencial y otras sustancias semejantes a las de la salvia, pero un contenido inferior de tuyona. Debido a su limitada distribución, se ha usado sobre todo en el E de la zona mediterránea. Sirve como antiinflamatorio en gargarismos para la boca y la garganta.

Hábitat Maquia, garrigas. Grecia, Creta, Chipre, Turquía.

- ***al triturarla huele un poco a eucalipto***
- ***ramas con fieltro gris***
- ***hojas muy densamente pelosas***

Amaro, salvia romana

Salvia sclarea (Lamiaceae)

c. Sàlvia romana e. Aindurrin p. Esclareia f. Sauge sclarée it. Moscatella i. Clary sage a. Muskateller Salbei

a 30–120 cm   mayo–ag.   bienal

La planta se ha añadido al vino blanco para darle sabor a uvas moscatel. La hierba sólo la usa la medicina popular. Es digestiva, alivia las molestias menstruales y es un remedio para los dolores de cabeza, los espasmos y los trastornos renales. Se usa externamente en las heridas inflamadas.

Hábitat Zona mediterránea, SE de Asia, cultivada como planta culinaria y medicinal en lugares cálidos de Europa central.

- ***planta aromática***
- ***hojas inferiores en una roseta, casi acorazonadas***
- ***brácteas florales grandes, teñidas de violeta***

Pensamiento, trinitaria

Viola tricolor (Violáceas)

c. Pensament e. Papantzea g. Herba da Trindade p. Amor-perfeito-bravo f. Pensée sauvage it. Viola del pensiero i. Wild pansy a. Wildes Stiefmütterchen

a 10–40 cm abr.-sept. anual-vivaz

Hábitat *Arcenes, laderas, márgenes de prados, yermos. Casi toda Europa.*

> ***flores de h. 3 cm, tricolores***
> ***planta ramificada sólo por debajo***

En un antiguo herbario irlandés se dice que alivia las convulsiones espasmódicas de los niños y es un remedio para la fiebre y las inflamaciones. La medicina oficial, en cambio, presta poca atención a esta planta porque carece de sustancias farmacéuticamente activas. La medicina popular la usa contra el acné, las impurezas de la piel y la caspa. La infusión purifica la sangre, baja la fiebre y alivia las inflamaciones de garganta. Las preparaciones homeopáticas se recetan en caso de eczema.

Consejo de salud

Infusión para la ronquera y prevenir resfriados: se vierte agua hirviendo sobre 2 c. de hierba por taza. Pasados 10 minutos se cuela y se bebe varias veces al día. Se le pueden añadir flores de tilo (tila) y también endulzarlo con miel para mejorar el sabor.

Violeta

Viola odorata (Violáceas)

c. Viola d'olor e. Bioleta g./p. Violeta f. Violette it. Viola mammola i. Violet a. März-Veilchen

a 5-10 cm marz.-abr. vivaz

Hábitat *Márgenes de bosques, setos, arcenes, en general cerca de viviendas. Originaria de la zona mediterránea, SE de Asia.*

> **flores solitarias, con pedúnculos de 3-7 cm de l.**
> **todas las hojas basales**
> **estolones aéreos**

Las flores contienen un aceite esencial y la hierba y la raíz, mucílagos y alcaloides. La medicina popular la usa contra la tos por los mucílagos. Era muy apreciado el jarabe azul de violeta obtenido de las flores, que se tomaba a cucharadas contra la tos. Es un aditivo ornamental en otras infusiones.

Sauzgatillo

Vitex agnus-castus (Verbenáceas)

c. Aloc e. Salitzuki p. Árvore-da-castidade f. Gattelier it. Agnocasto i. Chaste tree a. Mönchspfeffer

a 1-6 m jun.-nov. arbusto

Hábitat *Orillas de ríos, lugares húmedos. Zona mediterránea h. el N de India.*

> **verde en verano**
> **flores azules, violetas o rosas**
> **baya negro rojiza, de 0,5 cm de l.**

Llamado también agnocasto porque los monjes compraban sus frutos para calmar con ellos sus apetitos sexuales. Los medicamentos modernos con extracto de los frutos alivian las molestias de la regla. La medicina popular utiliza las hojas contra la fiebre.

Mostaza negra

Brassica pratensis (Brasicáceas)

c. Mostassa negra p. Mostarda-preta f. Moutarde noire
it. Senape nera i. Black mustard a. Schwarzer Senf

a 50–100 cm jun.-sept. anual

Hábitat *Campos, yermos, escombreras, arcenes. Sobre todo suelos muy húmedos. Originaria del S y O de Europa, asilvestrada en todo el mundo.*

> ***4 sépalos, erguidos y distantes***
> ***hojas pecioladas, la inferior profundamente hendida y con un gran segmento terminal***

Las semillas, pardo oscuro o negras, constituyen la base de la mostaza. Ésta es antibacteriana, mejora la circulación y estimula el apetito y la digestión. La medicina popular usa cataplasmas de mostaza (sinapismos) contra el reuma y las neuralgias. Los lugares afectados no deben tratarse mucho tiempo, pues la piel se inflama.

Col silvestre

Brassica oleracea var. *oleracea* (Brasicáceas)

c. Col borda e. Aza p. Couve f. Chou sauvage i. Wild cabbage a. Wildkohl

a 30–250 cm mayo-sept. bienal

Hábitat *Mediterráneo occidental, Helgoland.*

> ***origen de todas las coles cultivadas***
> ***yema terminal muy engrosada, en forma de "col"***

La col silvestre y sus variedades son de las verduras más antiguas del mundo. Según la mitología griega, la col nació del sudor de Zeus. El zumo fresco de las hojas cura las úlceras de estómago y de duodeno. En las heridas y úlceras abiertas se ponen hojas machadas de col, y cuando está fermentada, es un buen remedio contra el estreñimiento.

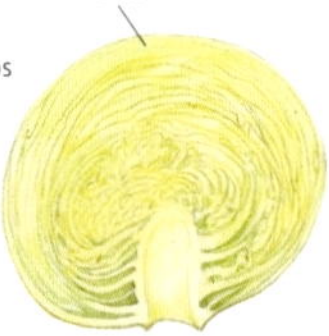

Celidonia, hierba verruguera

Chelidonium majus var. *majus* (Papaveráceas)

c. Celidònia e. Zaran-belarra g. Ceruda p. Erva-das-verrugas f. Chélidoine it. Celidonia i. Greater celandine a. Gewöhnliches Schöllkraut

a 30–70 cm abr.-oct. vivaz ☠

Como posee diversos alcaloides, se halla entre las plantas ligeramente venenosas. Un uso tradicional de la Antigüedad se basa en Plinio: cuenta que las golondrinas (en griego *chelidon*) hacían ver a sus polluelos ciegos con el látex de la planta. En la medicina popular se usa el látex fresco para eliminar las verrugas. La medicina oficial prescribe medicamentos basados en la planta para las dolencias del hígado y la vesícula.

Hábitat *Caminos, setos, lindes de bosques, jardines. Sobre suelos limosos ricos en nutrientes. Toda Europa y Asia.*

- > ***hojas pinnadas con segmentos ovales***
- > ***el fruto es una cápsula semejante a una silicua***
- > ***sépalos, amarillo claro***

Consejo de salud

Debido a su toxicidad sólo puede usarse tras consultarlo con el médico. Para uso externo en caso de enfermedades cutáneas, se prepara una infusión con 2 c. de la hierba. Se deja reposar 10 minutos y se coloca sobre la piel en forma de cataplasma.

Alhelí amarillo

Erysimum cheiri (Brasicáceas)
c. Violer groc e. Auntz-praka g. Goivo f. Giroflée des murailles it. Violacciocca i. Wallflower a. Goldlack
a 20–80 cm mayo–jun. vivaz ☠

Hábitat *Originaria del Mediterráneo oriental, introducida en Europa como ornamental y asilvestrada.*

> ***base a menudo leñosa***
> ***flores perfumadas***
> ***formas cultivadas con flores de otros colores***

Se plantaba en los jardines de las ciudades y se asilvestró pronto en ellas. Según Hipócrates, los griegos la utilizaban contra las inflamaciones de la matriz. En medicina popular, las flores servían para purificar la sangre y como laxante, para las dolencias hepáticas y cardíacas, y para favorecer la menstruación. Actualmente sólo se vende en preparaciones homeopáticas.

Amapola de California

Eschscholzia californica (Papaveráceas)
c. Rosella de Califòrnia f. Pavot de Californie it. Papavero della California i. Californian poppy a. Schlafmützchen
a 30–50 cm jun.–oct. anual–bienal

Hábitat *Originaria de California, introducida como planta ornamental en Europa y asilvestrada en la zona mediterránea.*

> ***planta lampiña, verdigrís***
> ***los sépalos, antes de la floración, parecen gorros***
> ***formas ornamentales con flores rojas también***

Aunque se ha introducido relativamente tarde y como planta ornamental, hay usos populares: es un remedio para problemas de insomnio (también en homeopatía), excitación nerviosa y espasmos. La medicina oficial la emplea combinada con otras sustancias activas y con las mismas indicaciones.

Cuajaleche

Galium verum (Rubiáceas)

c. Espunyidella groga e. Ziabelar hori g. Preseira p. Coalheira f. Caille-lait it. Caglio giallo i. Lady's bedstraw a. Echtes Labkraut

a 30–60 cm jun.-sept. vivaz

Una proteína de la hierba en flor cuaja la leche y por eso se utilizaba para hacer queso; un efecto secundario es que le daba a éste un fuerte color amarillo. La paja perfumada se esparcía sobre el suelo. Cuenta con diversas aplicaciones conocidas por la medicina popular. En Francia se usaba contra la epilepsia y, en Irlanda, contra las quemaduras y las dolencias de la piel. También se conoce su uso como diurético y en los catarros.

Hábitat *Prados y setos, prados cenagosos, arcenes. Sobre suelos calcáreos. Europa, Próximo Oriente, Norteamérica.*

> ***flores en una densa inflorescencia***
> ***las flores huelen a miel***
> ***tallos cuadrangulares***

Consejo de salud

Baño contra las articulaciones dolorosas e inflamadas: se dejan cocer 100 g de la hierba en 3 litros de agua durante unos 5 minutos y luego se cuela en un baño completo.

Hamamelis

Hamamelis virginiana (Hamamelidáceas)

c. Hamamelis p. Aveleira-de-bruxo f. Hamamelis de Virginie it. Amamelide i. Witch hazel a. Virginische Zaubernuss

a 2–8 m oct.-febr. arbusto

Hábitat *Bosques planifolios de Norteamérica, introducido en Europa como planta ornamental.*

> ***verde en verano***
> ***flores junto con los frutos del año anterior***

Los indios norteamericanos utilizan la raíz para curar las heridas, en casos de diarrea, trastornos menstruales e inflamaciones de la boca y la garganta. En Europa, el arbusto es ornamental. Los extractos de las hojas y la corteza contienen taninos y se recetan en forma de preparados para las pequeñas heridas de la piel y las mucosas.

160

Laurel

Laurus nobilis (Lauráceas)

c. Llorer e. Ereinotz g./p. Loureiro f. Laurier it. Alloro i. Bay laurel a. Lorbeerbaum

a 2–20 m marz.-abr. arbusto o árbol

Hábitat *Bosques de la zona mediterránea, al N de los Alpes en macetas.*

> ***verde en invierno***
> ***flores masculinas y femeninas, flores en plantas diferentes***

En la Antigüedad estaba consagrado a Apolo y Esculapio, dioses de la Medicina. En toda la Edad Media estuvo muy bien considerado. Actualmente las hojas son un condimento con propiedades digestivas y el aceite se usa en la industria cosmética. En la medicina popular, el laurel es un remedio para el reuma y los trastornos gástricos.

Hierba del asno, onagra

Oenothera biennis (Onagráceas)

c. Enotera groga e. Errarnoa p. Erva-dos-burros f. Onagre bisannuelle
it. Enotera i. Evening primrose a. Gewöhnliche Nachtkerze

a 50-200 cm jun.-ag. bienal

Las semillas contienen un aceite muy valioso, que presenta hasta un 14% de ácido gamma-linolénico –un ácido graso– y se receta contra la neurodermitis. Probablemente disminuye también el nivel de colesterol (profilaxis de la arteriosclerosis) y alivia el síndrome premenstrual. Las hojas sirven contra la diarrea.

Hábitat *Originaria de Sudamérica y asilvestrada en Europa en escombreras, yermos, terraplenes.*

> ***el 1er año sólo una roseta foliar***
> ***a simple vista se ve cómo se abren las flores***

Tormentilla, consuelda roja

Potentilla erecta (Rosáceas)

c. Tormentil.la e. Zazporri g. Sete na rama p. Tormentilha f. Tormentille
it. Tormentilla i. Tormentil a. Aufrechtes Fingerkraut

a 10-30 cm mayo-ag. vivaz

La raíz destaca por su elevado contenido en taninos. Ya desde antiguo la utilizaban la medicina popular, la oficial y la homeopatía. La raíz actúa interna y externamente como hemostático y astringente y es un remedio para la diarrea.

Hábitat *Brezales, céspedes pobres, turberas llanas, bosques luminosos. N y C de Europa, N de Asia.*

> ***tallos de postrados a ascendentes***
> ***hojas trifoliadas y con 2 grandes estípulas***

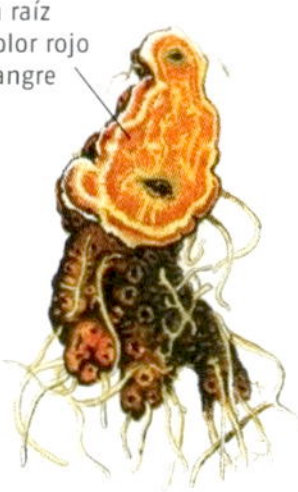

Espino cerval

Rhamnus cathartica (Ramnáceas)

c. Cambró e. Esilarra p. Espinheiro-cerval f. Nerprun purgative it. Spina cervina i. Buckthorn a. Echter Kreuzdorn

a 1-3 m mayo-jun. arbusto ☠

Hábitat *Setos, márgenes de bosques. En general sobre suelos calcáreos. Europa, norte de África, Asia.*

> ***flores en densas inflorescencias sobre las axilas foliares***
> ***flores también con 5 piezas***
> ***hojas opuestas***

Las primeras citas sobre él proceden de los antiguos griegos y de los anglosajones antes de la época normanda en Inglaterra. Según las creencias populares era un remedio seguro contra demonios y brujas. Las bayas contienen una sustancia que provoca diarreas y son un remedio para el estreñimiento. En la medicina popular se tomaba la infusión de los frutos para purificar la sangre. La homeopatía receta los frutos para los trastornos gastrointestinales.

Consejo de salud

Infusión laxante (debido a los efectos secundarios se debe consultar al médico o al farmacéutico): se vierte agua hirviendo sobre 1/2 c. de frutos triturados por taza. Se deja 10-15 minutos en reposo y se cuela. Se toma 1 taza diaria.

Ruda

Ruta graveolens (Rutáceas)
c. Ruda e. Bortusain p. Arruda f. Rue it. Ruta i. Rue a. Wein-Raute

a 30–50 cm jun.–ag. vivaz ☠

Se conocía desde la Antigüedad y, al parecer, formaba parte del mitridático, un elixir contra cualquier veneno. Carlomagno recomendaba su cultivo; es un remedio contra los espasmos, las inflamaciones de la boca y la garganta y los trastornos del hígado, la vesícula y la menstruación. El aceite se usó como abortivo. No debe emplearse en casos de embarazo o piel sensible.

Hábitat *Originaria del Mediterráneo oriental y asilvestrada de los jardines en escombreras, muros, viñedos.*

> **hojas verdiazules**
> **planta aromática**
> **flor terminal de la umbela con 5 piezas**

Consejo de salud

Infusión tranquilizante mixta (no se aconseja sólo de ruda): se mezclan a partes iguales ruda, valeriana, melisa y hojas de espino blanco. Se vierte agua caliente sobre 1 c. colmada y se deja cubierto durante 10 horas.

Mostaza blanca

Sinapis alba (Lamiáceas)

c. Mostassa e. Ziapia g./p. Mostarda branca f. Moutarde blanche it. Senapa bianca i. White mustard a. Weisser Senf

a 30–60 cm jun.-sept. anual

Hábitat *Originaria de la zona mediterránea, asilvestrada de los cultivos en campos, yermos.*

> ***silicuas pelosas, con un largo pico lampiño***
> ***sépalos distantes***

Semillas claras, de las que se obtiene la mostaza suave. El cultivo de la mostaza se extendió al norte de los Alpes durante el s. IX. Una cataplasma de polvo de mostaza favorece la circulación y es un remedio usado contra los catarros de las vías respiratorias y el reuma. Según la terapia floral de Bach, la mostaza *(mustard)* aporta luz y color a la vida cotidiana.

pétalos de 7–10 mm de l.

hojas con dientes irregulares

las semillas proporcionan el polvo de mostaza

Hierba de los cantores, erísimo

Sisymbrium officinale (Brasicáceas)

c. Sisimbri oficinal e. Mendaskia g. Herba dos cantores p. Erísimo-das-boticas f. Herbe aux chantres it. Erisimo i. Hedge mustard a. Weg-Rauke

a 30–60 cm mayo-oct. anual ☠

Hábitat *Arcenes, lugares con malas hierbas, yermos, escombreras. Europa, Asia.*

> ***planta pionera extendida***
> ***hojas inferiores divididas h. el nervio central***
> ***flores en una inflorescencia rígida y distante***

Esta hierba insignificante contiene en el ápice de los brotes glucósidos cardiotónicos, una sobredosis de los cuales podría ser peligrosa. La medicina popular lo recomienda contra la ronquera, las inflamaciones de la garganta, la bronquitis y las inflamaciones de la vesícula biliar. En dosis homeopáticas es un remedio contra la ronquera.

silicuas de 8–20 mm de an.

racimos alargados tras la floración

silicuas comprimidas

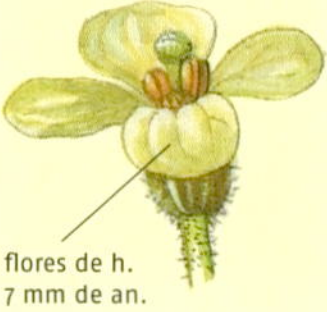

flores de h. 7 mm de an.

Agrimonia

Agrimonia eupatoria (Rosáceas)

c. Serverola e. Latxaski g. Agrimonia p. Erva-eupatória f. Aigremoine it. Agrimonia i. Common agrimony a. Kleiner Odemennig

a 30-100 cm jun.-sept. vivaz

Antiguos autores relacionaban esta hierba con el rey Mitrídates Eupátor del Ponto, que la añadía a un bebedizo contra los envenenamientos. Como los autores medievales se orientaban por las autoridades antiguas, le asignaron a la hierba una gran cantidad de propiedades. Sin embargo, sólo destaca la utilidad de los taninos: en diarreas leves, como gargarismo en inflamaciones de la boca y la garganta, incontinencia nocturna y, externamente, en inflamaciones de la piel.

Hábitat *Setos, bosques, matorrales, céspedes pobres. Europa, SO de Asia, N de África.*

> ***hojas inferiores en una roseta***
>
> ***tallos y hojas pelosos***

Consejo de salud

Gargarismos para las inflamaciones de la boca y la garganta: se vierte agua hirviendo sobre 1/2 c. por taza de la planta en flor. Pasados 10-15 minutos se cuela y se usa fresco. Se hacen gargarismos 2-4 veces al día.

Eneldo

Anethum graveolens (Apiáceas)

c. Anet e. Ezamillua g. Aneldo p. Endro f. Aneth it. Aneto i. Dill a. Dill

a 40–120 cm jul.-ag. anual

***Hábitat** Originaria de la zona mediterránea h. el SO de Asia, cultivada mundialmente como planta culinaria.*

> ***planta aromática***
> ***hojas pinnadas, con folíolos como agujas***

Las hojas, con su característico sabor, sirven para calmar el estómago, pero los frutos son oleosos y se usan en medicina. Son aperitivos, antiflatulentos, espasmolíticos. En el papiro egipcio Ebers (1550 a. C.), el eneldo se recomienda contra el dolor de cabeza y para la hipertensión en homeopatía.

Angélica

Angelica archangelica (Apiáceas)

c. Angèlica e. Aingeru-belar landatu g. Anxélica p. Angélica-dos-jardins f. Archangélique it. Archangelica i. Garden angelica a. Echte Engelwurz

a 120–250 cm jun.-ag. vivaz

***Hábitat** Originaria del N y E de Europa, culitivada en el resto y asilvestrada en Europa central en orillas de ríos y zanjas.*

> ***flores en umbelas semiesféricas***
> ***vainas foliares ventrudas***
> ***tallos de h. 10 cm de grosor por debajo***

Como crecía en el norte, no la conocían los griegos ni los romanos. En los herbarios del s. XVI, la raíz puesta en vinagre se citaba contra la peste y los hechizos. La raíz se receta en casos de pérdida de apetito, trastornos de la digestión y gases y el aceite se utiliza externamente para friegas.

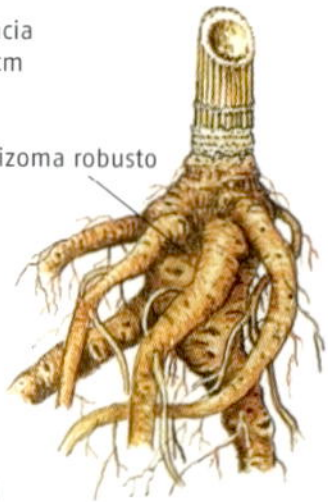

Coloquíntida, tuera

Citrullus colocynthis (Cucúrbitaceas)

c. Carbassó del diable e. Pillamin g./p. Colocíntida f. Coloquinte it. Cocomero amaro i. Bitter cucumber a. Bitter-Melone

a 30–50 cm jun.–ag. vivaz ☠

Hábitat *Originaria del Mediterráneo meridional, SO de Asia e India.*

> ***tallos rastreros, lampiños***
> ***crece también en suelos muy arenosos***

Los frutos secos eran conocidos por los médicos árabes como laxante, que extendieron la planta por la zona mediterránea. Como los frutos son venenosos, pueden provocar violentas reacciones del intestino. Ya no se usan en la actualidad. Antes se combatían con el extracto chinches y polillas.

frutos de h. 12 cm

hojas con 3–5 lóbulos o hendidas

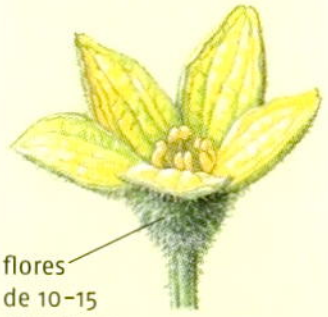

flores de 10–15 mm de an.

Hinojo marino

Crithmum maritimum (Apiáceas)

c. Fonoll marí e. Itsas-meul g. Fiuncho do mar f. Fenouil marin it. Finocchio marino i. Rock Samphire a. Meerfenchel

a 40–60 cm jun.–ag. vivaz

Hábitat *Costas rocosas, Atlántico desde Portugal h. Escocia, Mediterráneo h. el Mar Negro.*

> ***planta carnosa***
> ***hojas de un verde brillante***

Aunque actualmente ya no aparece como planta medicinal, en la medicina popular de las regiones costeras se conoce desde hace tiempo como diurética y antiflatulenta. El conocido médico especialista en hierbas John Gerard lo utilizaba contra los cálculos renales. Debido a su alto contenido en vitamina C, se llevaba en los barcos contra el escorbuto.

pequeñas flores en umbelas simples

hojas profundamente escotadas

flores diminutas

ovario costillado

Calabaza

Cucurbita pepo (Cucurbitáceas)

c. Carbassera e. Kui g./p. Abóbora f. Citrouille it. Zucca i. Pumpkin a. Gemüse-Kürbis

a rastrera h. 10 m   jun.-oct.   anual

***Hábitat** Originaria del N y C de América, cultivada en todo el mundo.*

- ***numerosas formas de cultivo con frutos diversos***
- ***tallos rastreros o trepadores con zarcillos***
- ***flores masculinas y femeninas en una planta***

Plinio ya cita una "calabaza" en sus escritos. Sin embargo, no se trata aquí de esta especie procedente de América. En las semillas hay aminoácidos raros, oligoelementos (selenio, manganeso), vitamina E y otras sustancias (esteroles). Antes se consumían las semillas en grandes cantidades para expulsar las tenias. Actualmente se recurre a ella para aliviar las molestias que se producen al orinar en casos de hipertrofia benigna de próstata.

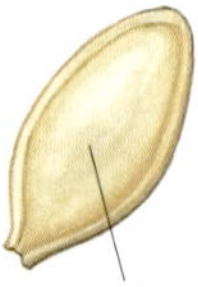

Consejo de salud

Como terapia adicional para la hipertrofia benigna de la próstata se toma por la mañana y por la noche 1–2 C. de semillas añadiéndolas, por ejemplo, al yogur, al muesli, etc.

Pepinillo del diablo

Ecballium elaterium (Cucurbitáceas)

c. Cogombre amarg e. Luzokermin g. Cogombro do demo p. Pepino-selvagem f. Concombre d'âne it. Cocomero asinino i. Squirting Cucumber a. Spritzgurke

a 20-100 cm abr.-oct. vivaz ☠

Ya Hipócrates lo recomendaba como laxante, pero cuidado con los efectos secundarios: inflamaciones, vómitos y dolor de estómago. Sin embargo, el zumo de la raíz o de los frutos se ha utilizado mucho tiempo con esa finalidad. Experimentalmente, sus componentes inhiben el crecimiento de las células tumorales.

Hábitat *Yermos, arcenes. Zona mediterránea y SE de Europa.*

> **planta con pelos rígidos**
> **los frutos salen lanzados al menor movimiento**
> **flores masculinas y femeninas en la misma planta**

Hinojo

Foeniculum vulgare (Apiáceas)

c. Fonoll e. Millu g. Fiuncho p. Funcho f. Fenouil it. Finocchio i. Fennel a. Fenchel

a 50-200 cm jul.-oct. anual o vivaz

El aceite esencial del fruto es mucolítico y sirve para la tos y los enfriamientos, alivia los trastornos digestivos. La infusión de hinojo es un remedio suave para aliviar a los bebés de los gases. En la medicina popular se toma también para estimular la producción de leche (galactógeno) en las madres lactantes.

Hábitat *Forma silvestre originaria de la zona mediterránea, cultivada en todo el mundo.*

> **hojas con folíolos muy estrechos**
> **umbela plana y extendida**

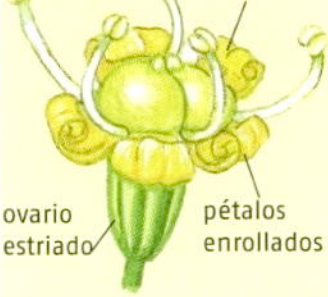

Hierba de San Benito, cariofilada

Geum urbanum (Rosáceas)

c. Herba de Sant Benet e. San Benito belarra g. Herba caravelleira p. Cravoila
f. Benoîte commun it. Erba benedetta i. Herb Bennet a. Echte Nelkenwurz

a 30–120 cm mayo–oct. vivaz

Hábitat *Bosques, vallados, arcenes, yermos. Europa h. el O de Asia.*

> ***indica la abundancia de nutrientes en el suelo***
> ***tallos blandos y pelosos***
> ***sépalos verdes entre los pétalos, de una longitud aprox. igual***

En la Edad Media se le atribuían, con el nombre de *herba benedicta* (hierba bendita), numerosas virtudes. De hecho, la raíz contiene taninos y un aceite esencial, pero en el aceite se encuentra la sustancia olorosa del clavo de especia. En la medicina popular se conservan usos basados en los taninos: pérdida de apetito, trastornos digestivos, diarrea, inflamaciones de la boca y la garganta y, externamente, contra erupciones cutáneas.

Consejo de salud

Infusión para gargarismos y trastornos digestivos: se vierte agua hirviendo en una c. de la hierba por taza y se deja reposar 15 minutos. Se cuela y se toma antes de las comidas principales. No hay que sobredosificar.

Herniaria, milengrana

Herniaria glabra (Cariofiláceas)

c. Trencapedra granelluda g. Herba das quebraduras p. Milegrana f. Herniaire it. Erniaria i. Smooth rupturewort a. Kahles Bruchkraut

a 5–30 cm jun.-oct. anual o vivaz

En el s. XVI se mencionaba como remedio contra las hernias inguinales. Las partes aéreas contienen taninos, saponinas y flavonoides. Es espasmolítica y se receta en cistitis y dolencias renales. La medicina popular la usa para purificar la sangre.

Hábitat *Dunas, caminos, céspedes secos, terraplenes. Europa central, N de África, O de Asia.*

- ***indicadora de suelos arenosos***
- ***los tallos aparecen planos sobre el suelo***
- ***inflorescencias en las axilas foliares***

Levístico

Levisticum officinale (Apiáceas)

c. Levístic e. Mendi-apio f. Livèche it. Levistico i. Lovage a. Liebstöckel

a 1–2 m jul.-ag. vivaz

Las hojas, de sabor agradable, sirven sobre todo para hacer sopas. La fuerte raíz era ya conocida como una droga por Hildegarda de Bingen. Es diurética y remedia las inflamaciones de las vías respiratorias, enfriamientos; es aperitiva y mucolítica y elimina los trastornos menstruales. No se usa en caso de embarazo.

Hábitat *Originaria del SO de Asia, cultivada en gran parte de Europa y asilvestrada.*

- ***la planta huele fuertemente a sopa de cubitos***
- ***tallos redondos, huecos, estriados***
- ***hojas 2–3 veces divididas***

Hipérico perfoliado

Hypericum perfoliatum (Hipericáceas)

c. Hipèric perfoliat p. Hipérico-celheado a. Johanniskraut

a 30–60 cm jul.-ag. vivaz

Hábitat *Pastos pobres, brezales, baldíos, escombreras, yermos. Europa, Asia.*

> ***tallos con 2 filos transversales***
> ***flores machacadas de color rojo sangre***
> ***cultivado por su valor comercial***

En esta planta se han mezclado las virtudes mágicas y curativas. Las gándulas oleosas de las hojas se interpretaron como "pinchazos del diablo" y el pigmento rojo de las flores, que son amarillas, como la sangre de san Juan (de ahí el nombre de "flor de san Juan" que recibe el género). Durante mucho tiempo sirvió contra los hechizos y las brujas. Actualmente se sabe con seguridad que el aceite remedia los estados depresivos. En la medicina popular, el aceite servía para heridas y quemaduras y la hierba, para la diarrea.

Consejo de salud

Aceite para la piel contra las quemaduras solares y otras quemaduras leves: Se majan unos 25 g de flores frescas y se ponen con ½ litro de aceite en un recipiente transparente. Se deja abierto 3–5 días. Se tapa el recipiente y se deja al sol 5–6 días hasta que el aceite esté rojo.

Hierba de la moneda

Lysimachia nummularia (Primuláceas)
c. Herba de la moneda e. Dirutxu p. Erva-dos-escudos f. Herbe aux écus
it. Erba quattrina i. Creeping jenny a. Pfennig-Gilbweiderich
a 10–50 cm mayo–jul. vivaz

El nombre de la planta viene de Lisímaco, un general de Alejandro Magno. En la Edad Media se la llamaba "centimorbia", es decir, que curaba 100 enfermedades. Actualmente la medicina popular la receta contra la tos, el reuma, el eczema y las heridas.

Hábitat *Prados húmedos, bosques de ribera, orillas, zanjas, arcenes. Sobre suelos húmedos. Casi toda Europa.*

> ***tallos postrados***
> ***hojas verdes en invierno***
> ***segmentos calicinos con puntos rojos***

Lisimaquia amarilla

Lysimachia vulgaris (Primuláceas)
c. Lisimàquia e. Odoljario-belar p. Lisimáquia-vulgar f. Lysimache vulgaire
it. Mazza d'oro i. Garden loosestrife a. Echter Gilbweiderich
a 50–150 cm jun.–ag. vivaz

Esta especie no tuvo la misma consideración que su "hermana menor", la hierba de la moneda. De todos modos, se usaba como fumigante contra culebras y moscas, según Dioscórides. Debido a los taninos, la medicina popular la usaba contra la diarrea y evitaba el escorbuto.

Hábitat *Zanjas, horizontes acuíferos, bosques de ribera, prados cenagosos. Sobre suelos muy húmedos. Casi toda Europa, Asia, N de África.*

> ***tallos erguidos, pelosos***
> ***flores terminales o en las axilas foliares superiores***
> ***segmentos del cáliz rojizos***

Chirivía

Pastinaca sativa (Apiáceas)
Xirivia e. Txiribia g. Cherouvea p. Quirivia f. Pastenade it. Pastinaca i. Parsnip a. Echter Pastinak
a 30–100 cm   jul.–sept.   bienal

Hábitat *Prados y arcenes, macizos de malas hierbas, yermos. En general sobre suelos calcáreos. O de Asa, Europa.*

> ***indicadora de suelos limosos***
> ***forma silvestre de la chirivía cultivada***
> ***hojas imparipinnadas***

La raíz napiforme es una verdura nutritiva, pero también medicinal. La medicina popular la usaba en los dolores de muelas y en dolencias gástricas, pulmonares y renales, y también como digestiva. Las semillas servían de condimento y son un remedio para las dolencias de la vejiga.

Perejil

Petroselinum crispum (Apiáceas)
c. Julivert e. Perrechillea g. Proxel p. Salsa f. Persil it. Prezzemolo i. Parsley a. Petersilie
a 30–100 cm   abr.–ag.   bienal

Hábitat *Sólo se conoce cultivado. Originaria tal vez del SO de Asia y de la zona mediterránea.*

> ***varidades con hoja rizadas y raíces tuberosas***
> ***hojas 2–3 veces divididas, folíolos triangulares***

Mientras que los griegos sólo lo conocían como planta medicinal, los romanos lo utilizaban en la cocina y en las ceremonias funerarias. Los frutos son digestivos y diuréticos, y se usaron malamente como abortivos. Las raíces y las hojas contienen poco aceite esencial. No debe utilizarse en casos de embarazo ni inflamaciones renales.

Argentina, plateada

Potentilla anserina (Rosáceas)

c. Argentina g. Bon varón p. Ansarinha f. Argentine it. Argentina i. Silverweed a. Gänse-Fingerkraut

a 15–80 cm mayo–ag. vivaz

Las partes aéreas secas contienen sobre todo taninos y, por lo tanto, la medicina oficial y la popular la han recetado para la diarrea y las inflamaciones de la boca y la garganta. Son un remedio, en forma de cataplasmas, para las heridas que curan mal. Se usó como espasmolítico ante las menstruaciones dolorosas y los calambres o espasmos musculares y de las pantorrillas. Se recetan preparados homeopáticos, entre otras indicaciones, para las enfermedades gastrointestinales.

Hábitat *Arcenes de caminos y carreteras, campos, yermos. Todo el hemisferio norte.*

> ***indicadora de suelos densos, ricos en nutrientes***

> ***estolones de h. 1 m de largo***

Consejo de salud

Gargarismos para la boca y la garganta excoriada: se vierte agua caliente sobre 1–2 c. de la hierba seca por taza y se cuela pasados 10 minutos. Se hacen enjuagues o gargarismos tibios varias veces al día. Para los trastornos varicosos en la zona gastrointestinal se mezcla con melisa y menta piperita.

Primavera

Primula veris ssp. *veris* (Primuláceas)

c. Prímula vera e. Udaberri-lorea g./p. Prímula f. Primevère officinale it. Primavera i. Cowslip a. Echte Schlüsselblume

a 10–30 cm abr.-jun. vivaz

***Hábitat** Céspedes y prados pobres, márgenes de bosques, bosques claros. Sobre todo en suelos calcáreos. Amplias partes de Europa, Asia.*

> ***flores perfumadas***
> ***tallos sin hojas***
> ***flores en general dirigidas hacia un lado***

La primavera, que florece muy pronto, tiene una gran importancia en la mitología nórdica: ninfas, elfos y otros seres eran sus protectores. Las raíces alivian las molestias en los catarros de las vías respiratorias y son diuréticas. Con las flores se prepara una infusión antitusígena y tranquilizante.

Botón de oro

Ranunculus acris (Ranunculáceas)

c. Ranuncle acre e. Apiaza p. Botão de ouro f. Bouton d'or âcre it. Botton d'oro i. Meadow buttercup a. Scharfer Hahnenfuss

a 30–100 cm mayo-sept. vivaz ☠

***Hábitat** Prados, pastos. Sobre suelos húmedos. Muy extendida en Europa y Asia.*

> ***contribuye al aspecto de los prados húmedos en mayo***
> ***indicadora de suelos ricos en nutrientes***
> ***flores amarillo doradas, brillantes por dentro***

A más de un horticultor o jardinero le gustaría verse libre de esta planta medicinal que se extiende por los campos. Aunque la planta fresca irrita mucho la piel, se utilizó en compresas para dolencias crónicas de la piel, reuma y gota. También era un remedio casero contra el estreñimiento y las lombrices intestinales. La fitoterapia no hace uso de ella.

Rubia de tintes, garanza

Rubia tinctorum (Rubiáceas)

c. Roja tintòria e. Otxar p. Ruiva-dos-tintureiros f. Garance it. Robbia i. Madder a. Echte Färberröte

a 50–100 cm jun.–ag. vivaz

Es desde la época de los romanos una planta tintórea conocida. Proporcionaba también el pigmento responsable del color rojo de los pantalones de los soldados franceses. En infusión contrarresta la formación de piedras en la vejiga y los riñones, y alivia inflamaciones y espasmos. En la medicina popular se usa contra la diarrea.

Hábitat *Lugares abiertos, secos y pedregosos. Zona mediterránea, S de Europa, Próximo Oriente.*

> **tallos cuadrangulares, con pequeños ápices espinosos**
>
> **flores en inflorescencias ramificadas**

Pampajarito, uvas de gato

Sedum acre (Crasuláceas)

c. Crespinell groc e. Teilatu-belar min p. Uva-de-cão f. Orpin acre it. Erba pignola i. Stonecrop a. Scharfer Mauerpfeffer

a 5–15 cm jun.–ag. vivaz ☠

Actualmente la medicina popular y la homeopatía lo recetan para las enfermedades vasculares. Las jugosas hojas causan, en grandes cantidades, vómitos y diarreas. Antes se usaba en casos de insuficiencia cardíaca y circulatoria, hipertensión, fiebres y, externamente, para tratar heridas, verrugas y erupciones.

Hábitat *Rocas, muros, grietas en el asfalto, graveras. En lugares cálidos y secos. Europa, Asia occidental.*

> **planta pionera**
>
> **hojas en sección transversal abombada por abajo y plana por arriba**

Tilo de hoja pequeña

Tilia cordata (Tiliáceas)

c. Tell de fulla petita e. Ezki hostotxikia g. Tilleira p. Tilia-de-folhas-pequenas
f. Tilleul à petites feuilles it. Tiglio i. Lime tree a. Winter-Linde

a h. 25 m jun.-jul. árbol

Hábitat *Bosques planifolios, pueblos, junto a carreteras. Europa h. los Urales.*

> ***el tilo de hoja grande tiene las mismas propiedades***
> ***4–12 flores en una inflorescencia***
> ***hojas oblicuamente acorazonadas***

El tilo de hoja pequeña y el de hoja grande contienen las mismas sustancias. La medicina oficial y la popular han utilizado por igual a ambos. La infusión de flores de tilo ya se conocía como sudorífica en la Edad Media. Las investigaciones no indican con seguridad si se debe a un efecto real o sólo al agua caliente, que estimula las glándulas sudoríparas. El contenido de mucílago sí que calma la tos irritativa. Posiblemente, la infusión estimula también el sistema inmunitario.

Consejo de salud

Infusión para prevenir los enfriamientos: se vierte agua hirviendo sobre 1 c. de flores secas de tilo, se deja reposar 10–15 minutos y se cuela. Se le puede añadir escaramujo y flores de reina de los prados, así como manzanilla y malva para intensificar los efectos.

Abrojos

Tribulus terrestris (Zigofiláceas)
c. Tríbol g./p. Abrolho f. Tribule terrestre i. Maltese cross a. Erd-Burzeldorn

a 10–60 cm mayo–sept. anual

El extracto de la hierba se usa en la medicina ayurvédica y en la tradicional mediterránea. Como aumenta el nivel de testosterona, se receta sobre todo como estimulante sexual y para reforzar la constitución muscular. Con estas firmes promesas se ha comercializado.

Hábitat *Jardines, campos, baldíos, arcenes. Zona mediterránea, SE de Europa.*

> ***tallos postrados, pelosos***
> ***hojas pinnadas, de tamaño desigual***

Gordolobo

Verbascum densiflorum (Escrofulariáceas)
i. Denseflower mullein a. Grossblütige Königskerze

a 50–250 cm jul.–sept. bienal

Al parecer, en la Edad Media se untaba de brea y se utilizaba como antorcha. Más sentido tiene el uso que se hacía de las flores, con las que se obtiene una infusión mucilaginosa apropiada para la tos y los resfriados. La medicina popular considera a las flores diuréticas y antirreumáticas.

Hábitat *Yermos, escombreras, arcenes, calveros. Sobre todo en suelos secos y calcáreos, Europa, Asia y N de África.*

> ***el 1er año sólo la roseta foliar***
> ***planta densamente afieltrada***
> ***3 estambres cortos y 2 largos***

Adonis de primavera

Adonis vernalis (Ranunculáceas)

c. Ull de perdiu e. Udaberriko adoni p. Olhos do diabo f. Adonide de printemps it. Adonide i. Yellow pheasant's eye a. Frühlings-Adonisröschen

a 10–40 cm abr.-mayo vivaz ☠

Hábitat *Céspedes secos, laderas soleadas, sobre suelos calcáreos. Originaria del SE de Europa, O de Asia.*

> ***flores solitarias, terminales, con 5 sépalos verdes***
> ***las flores sólo se abren al sol***

La presencia de glucósidos cardiotónicos impide la automedicación con el adonis. La recetan los médicos en casos de insuficiencia cardíaca y trastornos cardíacos funcionales. En la medicina popular se usaba desde antiguo contra la hidropesía, la fiebre y los trastornos menstruales.

Pita

Agave americana (Agaváceas)

c. Atzavara e. Zurda g. Pita f. Agave it. Agave gigante i. Century Plant a. Hundertjährige Agave

a 300–800 cm jun.-ag. vivaz

Hábitat *Originaria de México. Cultivada como ornamental en la zona mediterránea y asilvestrada allí.*

> ***inflorescencia al 10º año***
> ***hojas en una roseta basal***
> ***hojas de h. 2 m de largo, con aguijones***

Los mayas y los aztecas colocaban el zumo fresco sobre las heridas y curaban con él la diarrea. El zumo proporciona la materia prima de una bebida alcohólica (tequila). En la medicina tradicional mediterránea no pudo imponerse, pero la homeopatía lo usa para las inflamaciones ulcerosas de la boca y la anemia.

Aloe, acíbar

Aloe vera (Liliáceas)

c. Àloe e. Belarrmintza g./p. Aloe f. Aloès vrai it. Aloe vera i. Aloe vera a. Echte Aloe

a 50-100 cm en.-dic. vivaz

Los productos del aloe han conquistado un puesto fijo en el campo del bienestar y la cosmética. De hecho, el zumo fresco de las hojas es medicinal, favorece la curación de pequeñas heridas, picaduras de insectos, quemaduras solares y otras quemaduras leves. El gel de las hojas es laxante, antiséptico, antiálgico y estimula el sistema inmunitario. Mas discutible es su papel como complemento alimenticio. El gel no debe usarse durante el embarazo.

Hábitat *Originaria de Arabia y el N de África, cultivada en la zona mediterránea y planta de maceta en Centroeuropa.*

> ***hojas con margen espinoso, en una roseta basal***

> ***inflorescencia de h. 120 cm de altura***

Consejo de salud

El aloe se vende en centros de jardinería y floristerías y es un remedio inmediato para las picaduras de mosquitos: se coloca una hoja partida por la mitad y con la superficie de corte sobre la zona dañada.

Árnica, tabaco de montaña

Arnica montana (Asteráceas)

c. Àrnica e. Usin-belar g. Árnica p. Tabaco-dos-Vosgos f. Arnica it. Arnica i. Arnica a. Echte Arnika

a 20–50 cm jun.-jul. vivaz

***Hábitat** Céspedes, pastos, brezales, turberas sobre suelos ácidos. Amplias zonas de Europa, montañas de alturas medias y altas.*

- > ***hojas grandes, en rosetas basales***
- > ***2–3 pares de hojas caulinares pequeñas y opuestas***
- > ***capítulos con lígulas y flósculos***

La árnica no la conocían los médicos de la Antigüedad. Adquirió importancia avanzada ya la Edad Media y su uso se extendió con rapidez. Al célebre Goethe se le administró, como paciente, tintura de árnica incluso en su lecho de muerte. Externamente, las flores secas se usan en casos de contusiones, hematomas, reuma y dolor de las articulaciones, en gargarismos contra las inflamaciones de la boca y la garganta. Antes su uso interno para el corazón y la circulación era importante, pero en la actualidad es desaconsejable.

Consejo de salud

La árnica está protegida y debe comprarse en farmacias y herboristerías: se vierte agua hirviendo sobre 1 c. de flores secas por taza y se cuela pasados 10 minutos. Se hacen gárgaras con la infusión tibia, sin beberla.

Abrótano macho

Artemisia abrotanum (Asteráceas)

c. Broida e. Zizari-belarra f. Aurone it. Abrotano maschio i. Southerwood a. Eberraute

a 50-120 cm jul.-oct. vivaz

Según la tradición inglesa, se colgaba junto a los presos en el tribunal. Así creían que se protegían de la "fiebre de la prisión", un tipo de tifus. La medicina popular lo usa raras veces, como aperitivo y digestivo. Antes se tomaba también para los trastornos menstruales y las lombrices intestinales.

Hábitat *Originaria del E y SE de Europa, O de Asia, cultivada en el C de Europa como planta cultivada.*

> ***semiarbusto***
> ***huele a limón***
> ***capítulos sólo con flósculos***

Ajenjo

Artemisia absinthium (Asteráceas)

c. Donzell e. Asentzio belarra g. Asentos p. Losna f. Grande absinthe it. Assenzio i. Wormwood a. Echter Wermut

a 60-120 cm jul.-sept. vivaz ☠

Tiene un sabor muy amargo y contiene un aceite esencial. La absenta lo contenía antes y producía trastornos mentales debido al elevado contenido de tuyona. Actualmente sólo se usan sus principios amargos. La hierba es aperitiva, digestiva y espasmolítica en la zona gastrointestinal: el aceite es cancerígeno y ya no se emplea.

Hábitat *Arcenes, muros, escombreras, yermos. Sobre suelos ricos en nutrientes. Europa y Asia.*

> ***parte inferior leñosa***
> ***aromática***
> ***toda la planta con pelos afieltrados grises***

Estragón, dragoncillo

Artemisia dracunculus (Asteráceas)

c. Estragó p. Estragão f. Estragon it. Dragoncello i. Tarragon a. Estragon

a 60-120 cm ag.-oct. vivaz

Hábitat *Originaria del E de Rusia, Mongolia y cultivada en todo el mundo como culinaria.*

> ***planta lampiña, aromática***
> ***numerosos capítulos en una inflorescencia***

La tradición que dice que el estragón es un remedio para las mordeduras de serpientes es pura leyenda. Contiene un aceite esencial y otras sustancias. Se utiliza sobre todo en la cocina para condimentar y aromatizar los vinagres a las finas hierbas. En la medicina popular se usa como diurético, digestivo y aperitivo.

Artemisa

Artemisia vulgaris (Asteráceas)

c. Artemisa vulgar e. Belar-miña g. Herba madroa p. Artemisia-comum f. Armoise it. Assenzio delle siepi i. Mugwort a. Gewöhnlicher Beifuss

a 60-250 cm jul.-nov. vivaz

Hábitat *Arcenes, escombreras, yermos, riberas. Extendida por Europa y Asia.*

> ***numerosos capítulos***
> ***sólo flósculos, de amarillos a rojizos***
> ***olor suave al triturarla***

Tiene muchos efectos legendarios: al parecer, los soldados romanos la ponían en sus sandalias para protegerse del cansancio y un herbario galés recomendaba a las embarazadas atársela a los muslos para ayudar en el embarazo. Estimula el apetito y favorece la digestión y se usó como vermífugo y condimento para los asados.

Agracejo

Berberis vulgaris (Berberidáceas)
c. Coralet e. Berberis arrunt p. Espinheiro-vinheto f. Armoise
it. Amarella i. Barberry a. Gewöhnliche Berberitze

a h. 300 cm abr.-jun. arbusto ☠

Los frutos contienen mucha vitamina C y son apropiados sobre todo para compotas y mermeladas. La medicina popular los usa como laxante y en dolencias del hígado y el bazo. También la corteza de la raíz, que es venenosa, era un remedio para los problemas de vesícula, ictericia, trastornos digestivos, diarrea, cálculos renales, reuma, etc.

Hábitat *Márgenes de bosques, setos, pinares claros. Europa h. Asia occidental.*

- > ***verde en verano***
- > ***hojas en fascículos***
- > ***flores de olor desagradable***

Cálamo acuático

Bidens tripartita (Asteráceas)
f. Bident tripartit i. Three-lobe Beggarticks a. Dreiteiliger Zweizahn

a 15-100 cm jul.-oct. anual

Raras veces se ha utilizado como medicinal. Contiene taninos, un aceite esencial y principios amargos. La medicina popular la usaba contra las hemorroides y las piedras de riñón y vesícula, y también como diurético. En un herbario inglés del s. XVII se recomendaba contra el "decaimiento" y el "bazo duro".

Hábitat *Riberas, zanjas, escombreras, prados muy húmedos. Siempre sobre suelos muy húmedos y ricos en nutrientes. Toda Europa.*

- > ***planta pionera frecuente sobre suelos fangosos***
- > ***capítulos sólo con flósculos***
- > ***hojas con 35 segmentos***

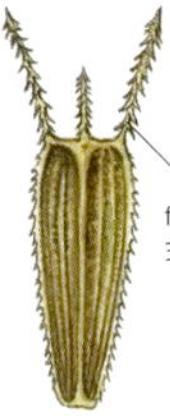

Caléndula, maravilla

Calendula officinalis (Asteráceas)

c. Boixac e. Aingeru-lorea p. Maravilhas f. Souci des jardins it. Calendola i. Marigold a. Garten-Ringelblume

a 20-50 cm jun.-sept. anual-bienal

Hábitat *Cultivada desde la Antigüedad como medicinal y ornamental. Europa, O de Asia.*

> ***aroma desagradable***
> ***planta con pelos afieltrados***
> ***flósculos y lígulas o sólo lígulas***

No se conoce con seguridad la procedencia de la caléndula. Hildegarda de Bingen la llama ringula y le asigna "grandes virtudes", entre otras la de antiveneno. Las flores contienen sustancias antiinflamatorias y promueven la curación de las heridas. En forma de ungüento se aplica en heridas, contusiones, magulladuras, úlceras e inflamaciones de la piel. Se usa en forma de infusión para hacer gargarismos. Además, servía para los hechizos amorosos y se utilizó contra el cáncer, las lombrices y la sífilis.

Consejo de salud

Infusión de caléndula: se vierte agua hirviendo sobre 1-2 c. por taza. Pasados 10 minutos se cuela y se hacen gárgaras varias veces al día. Mantequilla para friegas para dolores musculares: se calientan las flores y la mantequilla (1:1) hasta que ésta se funda. Las sustancias activas se disuelven en la grasa.

Alazor, cártamo

Carthamus tinctorius (Asteráceas)

c. Safranó e. Asta-zafraya p. Açafrão-bastardo f. Carthame des teinturiers it. Zafferanone i. Bastard saffron a. Färber-Distel

a 10–60 cm jul.-sept. anual

Las flores dan a los alimentos el mismo aspecto y sabor que el azafrán. Con el pigmento se teñían también las telas. La medicina popular lo usaba para los problemas digestivos. El aceite de las semillas se utiliza en la industria cosmética. Contiene también varios ácidos grasos insaturados y hace que descienda el nivel de colesterol.

Hábitat *Originaria de Asia Menor h. India. Desde la Antigüedad cultivada como medicinal y tintórea. Zona mediterránea.*

> ***planta erguida, lampiña***
> ***capítulos sólo con flósculos***
> ***brácteas involucrales del capítulo con apéndice ovado***

Cirsium oleraceum

Cirsium oleraceum (Asteráceas)

f. Cirse maraîcher i. Cabbage thistle a. Kohl-Kratzdistel

a 50–150 cm jun.-sept. vivaz

Las hojas y los brotes jóvenes, preparados como la col, son comestibles. Sin embargo, pocas noticias hay sobre sus propiedades medicinales. Al parecer tanto la raíz como la hierba son remedios contra los espasmos, el dolor de muelas y, externamente, las enfermedades de la piel y el reuma.

Hábitat *Prados muy húmedos, bosques de ribera, orillas, fuentes. Sobre suelos ricos en nutrientes, Europa central h. Siberia.*

> ***indicadora de suelos muy abonados***
> ***sólo con flósculos amarillo claro***
> ***2–6 capítulos envueltos por brácteas***

Cardo santo

Cnicus benedictus (Asteráceas)

c. Card beneït e. Txori-gardu p. Cardo-bento f. Carthame it. Cartamo i. Safflower a. Benediktenkraut

a 10–40 cm jun.-jul. anual

Hábitat *Originaria del Mediterráneo septentrional, antes cultivada en el C de Europa, raras veces asilvestrada.*

> ***planta semejante a los cardos***
> ***tallos hirsutos***
> ***brácteas de los capítulos con aguijones***

Durante las epidemias de peste se creía firmemente en su poder sanador. El nombre hace referencia a los monjes benedictinos o al latín *benedicta*: bendita. Estuvo muy bien considerada durante toda la Edad Media. Sus componentes amargos estimulan el apetito y la digestión y son un remedio para las dolencias del hígado y la vesícula. La medicina popular lo usa externamente en caso de úlceras y sabañones. No debe usarse con úlceras gastrointestinales.

Consejo de salud

Infusión aperitiva: se vierte agua hirviendo sobre 1 c. de la hierba en flor por taza. Se deja reposar 1–10 minutos y entonces se cuela. Se toma 2 veces al día una taza tibia y sin endulzar antes de las comidas principales.

Genciana amarilla

Gentiana lutea (Gencianáceas)

c. Genciana groga e. Errosta g. Xenzá amarela p. Genciana-das-boticas
f. Gentiane jaune it. Genziana maggiore i. Yellow gentian a. Gelber Enzian

a 50–140 cm   jun.–ag.   vivaz

Hábitat *Céspedes pobres, pastos, turberas llanas. Sólo en montañas, sobre suelos básicos. C y S de Europa.*

> ***cáliz hendido unilateralmente***
> ***hojas opuestas***
> ***tallos redondos, huecos***

La raíz proporciona la droga más amarga de las plantas europeas. Ya la conocían los médicos de la Antigüedad, que derivaban su nombre del rey Gentius de Iliria. Al parecer había curado la peste con la genciana. La medicina oficial y popular usan su amargor para estimular la secreción de jugos gástricos (en infusiones y aguardientes amargos). Despierta el apetito, favorece la circulación, alivia la sensación de plenitud y las náuseas. No debe usarse en caso de úlceras gastrointestinales.

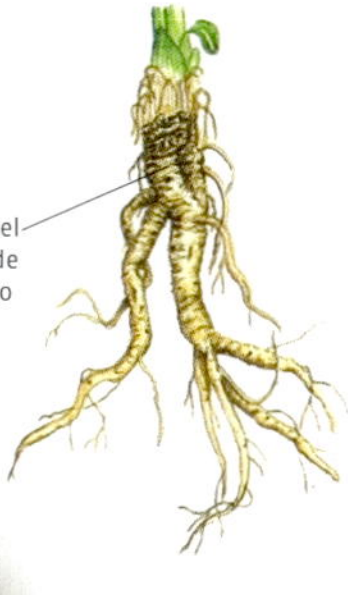

Consejo de salud

Infusión aperitiva: la planta está protegida, por lo que debe comprarse en farmacias o herbolarios. Se vierte agua hirviendo sobre ½ c. de la raíz por taza y se deja reposar 10–15 minutos. Se bebe una taza de la infusión tibia (muy amarga) antes de las comidas principales.

Girasol

Helianthus annuus (Asteráceas)

c. Gira-sol e. Ekilore g. Girasol p. Girassol f. Tournesol it. Girasole i. Sunflower a. Gewöhnliche Sonnenblume

a 100–300 cm jul.–oct. anual

Hábitat *Originaria de Norteamérica, introducida en Europa como ornamental y alimenticia y asilvestrada en parte.*

> ***muchas clases de formas cultivadas pequeñas***
> ***hojas acorazonadas***
> ***capítulos con tálamo plano***

El producto más conocido del girasol es seguramente el aceite, que se usa no sólo en la cocina, sino también para masajear las articulaciones doloridas. Las lígulas sirven igual que la árnica o la caléndula para tratar externamente las heridas e, internamente, como cura de enfermedades febriles y trastornos de la vesícula y el hígado.

Aguaturma, pataca

Helianthus tuberosus (Asteráceas)

c. Nyàmera e. Pataka p. Tupinambo f. Poire de terre it. Pera di terra i. Jerusalem artichoke a. Topinambur

a 100–250 cm oct.–nov. vivaz

Hábitat *Originaria de Norteamérica e introducida en Europa como forrajera y asilvestrada en el C y el E.*

> ***capítulos con lígulas y flósculos***
> ***2–3 hojas por nudo***

No es una planta medicinal en sentido estricto, pero sí un alimento interesante para los diabéticos. A diferencia de las patatas, no almacena almidón, sino inulina, un polisacárido. La inulina no contiene glucosa y no hace subir el nivel de azúcar. En medicina popular se recomienda en casos de estreñimiento.

Perpetua amarilla

Helichrysum arenarium (Asteráceas)

p. Perpetua das areias f. Immortelle des sables i. Elicriso i. Sandy everlasting a. Sand-Strohblume

a 10–30 cm jul.–ag. vivaz

Las inflorescencias secas se hallan en infusiones que se recetan para trastornos no inflamatorios de la vesícula biliar y también se añaden a otras infusiones para embellecer el color. La medicina popular los usa como diuréticos, digestivos y espasmolíticos.

Hábitat *Dunas, céspedes arenosos, pinares. Sobre suelos pobres. C y E de Europa.*

> ***planta con fieltro blanco***
> ***capítulos en una inflorescencia densa***
> ***sólo flósculos***

hojas estrechas, pelosas

3–40 capítulos en una inflorescencia

capítulos de 6–7 mm de an.

Pelosilla

Hieracium pilosella (Asteráceas)

c. Pelosella e. Erabia-belar g. Pelosiña p. Pilosela-das-boticas f. Épervière piloselle it. Pelosella i. Mouse-ear hawkweed a. Kleines Habichtkraut

a 5–30 cm mayo–oct. vivaz

Hildegarda de Bingen indica que refuerza el corazón y reduce los malos humores. Según una antigua creencia popular incluso hacía invulnerable, siempre que se la desarraigara con luna llena y se envolviera en un pañuelo blanco. Actualmente se usa, a lo sumo, en casos de diarrea e inflamación de la garganta.

Hábitat *Prados secos, céspedes secos, bosques secos, rocas. Casi toda Europa, O de Asia.*

> ***planta con látex***
> ***capítulos sólo con lígulas***
> ***hojas en una roseta***

lígulas con rayas rojizas por fuera

hojas enrolladas con la sequía

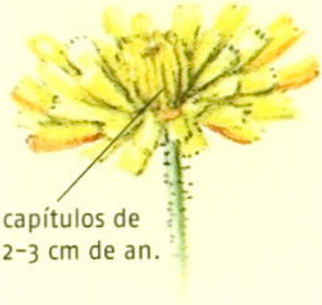

capítulos de 2–3 cm de an.

Énula campana

Inula helenium (Asteráceas)

c. Herba de l'ala e. Usteltxa f. Aunée it. Enula campana i. Elecampane a. Echter Alant

a 60-250 cm jul.-ag. vivaz

Hábitat *Originaria de Asia central, introducida en Europa como planta ornamental y medicinal y asilvestrada en parte.*

> **capítulos con lígulas y flósculos**
> **hojas inferiores de 40 cm de l., pedunculadas, las superiores sentadas**

La raíz contiene sustancias que, utilizadas con regularidad o en sobredosis, provocan muchos efectos secundarios; irritación de las mucosas, vómitos, náuseas y reacciones alérgicas. Por eso ya no se receta en medicina. La medicina popular la usaba sobre todo con toses fuertes. Además, favorecía la digestión, expulsaba las lombrices intestinales y aliviaba los trastornos menstruales y cardíacos.

hojas con fieltro gris en el envés

capítulos de 6-8 cm de an.

lígulas estrechas, de 3-4 cm de l.

¿Lo sabía?

Esta especie dio nombre a la inulina, descubierta en 1804. Es un hidrato de carbono, semejante al almidón, que se compone de fructosa. El nombre de la especie hace alusión a Elena, que, al parecer, se llevó consigo una raíz de la planta cuando la raptaron.

el rizoma medicinal era un remedio valorado para la tos

Tomatera

Lycopersicon esculentum var. esculentum (Solanáceas)

c. Tomatera e. Tomate g./p. Tomateiro f. Tomate it. Pomodoro i. Tomato a. Tomate

a 40–150 cm jun.-oct. anual

La tomatera no fue nunca una planta medicinal en sentido estricto, pero contiene en los frutos maduros el pigmento rojo licopina, que está emparentado químicamente con la carotina de la zanahoria. La licopina puede fijar radicales libres en el cuerpo y restringe las dañinas reacciones oxidativas. Así se disminuye el riesgo de enfermar de determinados tipos de cáncer.

Hábitat *Originaria del N de Sudamérica, introducida en Europa como planta alimenticia.*

> **tallos laxos, con pelos glandulares**
> **hojas 1–2 veces pinnadas**

Chumbera, nopal

Opuntia ficus-indica (Cactáceas)

c. Figuera de moro e. Indiapiko p. Figueira-do-inferno f. Figuier à raquette it. Fico d'India i. Barbary fig a. Feigenkaktus

a 200–500 cm abr.-jul. vivaz

Como se asentó relativamente tarde en la zona mediterránea, no desempeña ningún papel en la medicina popular. En su lugar de origen, el zumo fresco de sus brotes planos se usa externamente contra las dermatitis y quemaduras. Al parecer, el extracto de las flores son un remedio para los trastornos de vejiga y próstata, entre otros.

Hábitat *Originaria del C y N de América, introducida y asilvestrada en la zona mediterránea.*

> **brotes planos que almacenan el agua**
> **hojas reducidas a espinas**

Celidonia menor

Ranunculus ficaria (Ranunculáceas)
c. Gatassa e. Korradu-belarra g. Herba das almorranas p. Ficária f. Ficaire renonculaire it. Favagello i. Lesser celandine a. Gewöhnliches Scharbockskraut

a 5–20 cm marz.-mayo vivaz

Hábitat *Bosque de ribera, planifolios, prados húmedos, parques. Europa, Asia, N de África.*

- ***suele aparecer en masa***
- ***tallos de postrados a ascendentes***
- ***hojas acorazonadas***

Las hojas jóvenes contienen mucha vitamina C, por lo que se añadían a las ensaladas de primavera contra el escorbuto, y el zumo fresco se usaba para purificar la sangre. En cambio, en las hojas y los brotes domina la protanemonina, irritante y venenosa. En enjuagues elimina las impurezas de la piel.

Cineraria

Senecio cineraria (Asteráceas)
c. Cinerària f. Séneçon cinéraire it. Cineraria i. Silver Ragwort a. Silber-Greiskraut

a 20–80 cm mayo-ag. vivaz

Hábitat *Costas del Mediterráneo, introducida como ornamental en el C de Europa.*

- ***parte inferior leñosa***
- ***pelos afieltrados blancos***
- ***capítulos con lígulas y flósculos***

La hierba contiene un alcaloide pirrolizidínico y no debe usarse. Antes, el zumo de las hojas frescas servía para las dolencias oculares, migrañas y trastornos menstruales. Actualmente, en homeopatía, para cataratas iniciales y otras enfermedades de los ojos.

Senecio ovatus

Senecio ovatus (Asteráceas)

f. Séneçon it. Senecione alpino i. Alpine ragwort a. Fuchs' Greiskraut

a 60–150 cm jul.–sept. vivaz ☠

Contiene alcaloides pirrolizidínicos y no debe utilizarse. Era un hemostático muy extendido en medicina popular. Se recomendaba sobre todo en las hemorragias de la matriz. La infusión era recetada en fitoterapia para bajar el azúcar sanguíneo.

Hábitat *Hayedos, calveros, claros. C, N y S de Europa.*

> **inflorescencia con numerosos capítulos**
> **capítulos con lígulas y flósculos**

Plumero amarillo

Solidago canadensis var. *canadensis* (Asteráceas)

c. Solidago del Canadà f. Solidage du Canada it. Verga d'oro del Canada i. Canadian golden-rod a. Kanadische Goldrute

a 50–250 cm ag.–oct. vivaz

Al actuar esta planta ornamental como la vara de oro, pudo destacar en la medicina oficial y en la popular (aplicable también a la *Solidago gigantea*). La infusión de la hierba en flor es diurética, previene los cálculos de la vejiga y los riñones, y es ligeramente espasmolítica. También hay preparados a la venta.

Hábitat *Macizos de malas hierbas, yermos. Originaria de Norteamérica, introducida como ornamental en Europa y asilvestrada.*

> **inflorescencia con numerosos capítulos**
> **capítulos con lígulas y flósculos**

Vara de oro

Solidago virgaurea ssp. *virgaurea* (Asteráceas)

c. Vara d'or e. Urrezko makila g. Herba forte p. Vara-de-oiro f. Verge d'or it. Verga d'oro i. Goldenrod a. Gewöhnliche Goldrute

a 10–100 cm jul.-oct. vivaz

Hábitat *Bosques claros, calveros, brezales, pastos pobres. Europa, N de África, O de Asia.*

> ***10–30 flósculos y 6–12 lígulas por capítulo***
> ***hojas inferiores sentadas, ovadas, las superiores sentadas***

Al parecer ya la conocían los germanos como "hierba de las heridas". Contiene glucósidos fenólicos (leiocarpósido) antiinflamatorios. Desde el s. XIII se conocía como diurética y se mencionaba como preventiva de cálculos. Como remedio casero se recomienda contra las inflamaciones del cuello y la garganta, y también contra el reuma, la gota y las enfermedades de la piel. No debe usarse en caso de edemas ni enfermedades cardíacas ni renales.

Consejo de salud

Infusión diurética para prevenir los cálculos de la vejiga: se vierte agua hirviendo en 1–2 c. por taza. Se deja reposar 15 minutos y se cuela. Se va tomando 2–4 veces al día, fresca entre las comidas.

Hierba lombriguera, tanaceto

Tanacetum vulgare (Asteráceas)

c. Tanarida e. Mota-belar g. Herba lombrigueira p. Erva-dos-vermes f. Tanaisie it. Tanaceto i. Tansy a. Rainfarn

a 60–120 cm jul.-sept. vivaz ☠

Hildegarda de Bingen lo recomendaba contra las lombrices intestinales, y esta aplicación se ha mantenido largo tiempo a nivel popular. Debido a lo peligroso de la automedicación se desaconseja seriamente. Las flores se usaron en caso de espasmos estomacales y trastornos digestivos y menstruales.

Hábitat *Arcenes, riberas, escombreras, yermos. Casi toda Europa y Asia.*

> ***capítulos sólo con flósculos***
> ***planta aromática al triturarla***

Diente de león

Taraxacum sect. *Ruderale* (Asteráceas)

c. Dent de lleó e. Galdikea g./p. Amor dos homens f. Pissenlit it. Tarassaco i. Dandelion a. Gewöhnlicher Löwenzahn

a 5–40 cm abr.-jul. vivaz

Era una planta muy apreciada para las curas normales de primavera. El zumo y las ensaladas de las hojas contienen mucho potasio y principios amargos, que estimulan el apetito y la digestión. La medicina popular lo usa como diurético y lo recomienda para las dolencias de hígado y vesícula. También se usa en homeopatía. No debe tomarse en caso de piedras en la vesícula.

Hábitat *Prados, pastos, parques, lugares con malas hierbas, jardines. Extendida por todo el mundo.*

> ***la planta contiene un látex blanco***
> ***capítulo solitario, sobre un tallo hueco***
> ***hojas en rosetas***

Uña de caballo, tusílago

Tussilago farfara (Asteráceas)

c. Pota de cavall e. Zaidioin p. Tossilagem f. Pas d'âne it. Farfaro i. Coltsfoot a. Huflatich

a 10–30 cm marzo–abr. vivaz

Hábitat *Caminos, arcenes, orillas, graveras. Europa, O de Asia, N de África.*

> ***los capítulos sólo se abren al sol***
> ***h. 300 lígulas y 40 flósculos***
> ***las hojas aparecen después de la floración***

Las flores y las hojas jóvenes contienen abundantes mucílagos y por eso fueron un remedio desde la Antigüedad para la tos y la ronquera (del latín *tussis:* tos). Desgraciadamente, contienen también alcaloides pirrolizidínicos, por lo que no pueden usarse sin restricciones. Por suerte, hay también formas sin alcaloides para emplearlas en medicina. Es antiinflamatoria e incluso se daban cigarrillos de la planta contra el asma.

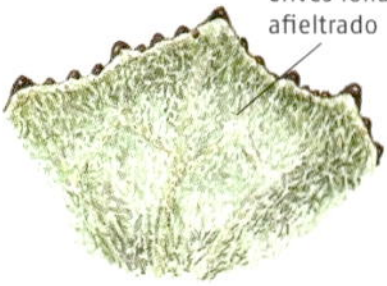

Consejo de salud

Infusión para la tos: la planta no puede recogerse y se ha de comprar en farmacias o herbolarios. Se vierte agua hirviendo sobre 1 ½ c. de la hierba por taza. Se deja reposar 10–15 minutos y se toma una taza varias veces al día. Puede endulzarse con miel.

Vulneraria

Anthyllis vulneraria (Fabáceas)

c. Vulneràia e. Aingeru-osto g./p. Vulnerária f. Anthyllide vulnéraire
it. Erba vulneraria i. Kidney Vetch a. Gewöhnlicher Wundklee

a 15–30 cm mayo–ag. vivaz

Como su nombre indica, esta especie servía para curar las heridas abiertas. Se ponían las flores machacadas sobre la herida o se lavaba ésta con una infusión de la planta. La medicina popular valoraba exclusivamente las flores. Al parecer era un remedio para úlceras, úlceras crónicas de las piernas y sabañones, y también, en forma de infusión, para tomar en caso de inflamaciones de la boca y la garganta.

Hábitat *Céspedes y pastos pobres, arcenes, yermos. Sobre todo sobre calizas. Casi toda Europa h. el Próximo Oriente, N de África.*

> ***planta con pelos sedosos***
> ***capítulos amarillos con flores marchitas pardas***

Aristoloquia, clematítide

Aristolochia clematitis (Aristoloquiáceas)

c. Aristolòquia sarmentosa e. Eskale-belar g. Aristolóquia f. Aristoloche clématite
it. Sarrasine Strallogi i. Birthwort a. Gewöhnliche Osterluzei

a 30–70 cm mayo–jun. vivaz

Debido a su toxicidad ya no la emplea ni la medicina oficial ni la popular. Desde tiempos de los egipcios era una planta medicinal muy solicitada. Estimula el sistema inmunitario y servía sobre todo para curar heridas. Además, siempre fue una planta mágica y todavía forma parte de los ramos que se ofrecen a la Virgen el día de la Asunción.

Hábitat *Originaria del SE de Europa h. el SE de Asia, asilvestrada en lugares secos y soleados de la zona mediterránea.*

> ***indica la presencia de antiguos viñedos***
> ***tallos arqueados aquí y allá***

Retama negra

Cytisus scoparius ssp. *scoparius* (Fabáceas)

c. Ginestell e. Erratza g. Xesteira p. Giesteira-brava f. Genêt à balais it. Ginestra scopareccia i. Common broom a. Besenginster

a 50–200 cm mayo–jun. arbusto

Hábitat *Brezales, calveros, matorrales, arcenes sobres suelos ácidos. S, O y C de Europa.*

> ***pionera en suelos frescos***
> ***vainas pelosas, de 6 cm de l.***

La hierba y las flores contienen alcaloides que actúan sobre el corazón y la circulación, y se recetan en casos de presión baja y en los partos. Debido al contenido variable de los componentes, se usan sólo preparados estandarizados. La medicina popular lo usa para purificar la sangre, contra la gota, el reuma, trastornos hepáticos, los cálculos renales y la ictericia; la homeopatía, contra los trastornos del ritmo cardíaco y las enfermedades de la piel. No deben tomarla los hipertensos ni las embarazadas.

¿Lo sabía?

Originariamente la "planta genista" era el emblema del casco del conde de Anjou. Cuando se casó con una hija del rey inglés Enrique I, sus descendientes adoptaron, como reyes de Inglaterra de la familia Plantagenet, la retama como blasón.

Digital lanosa

Digitalis lanata (Escrofulariáceas)

f. Digitale laineuse it. Digitale lanata i. Woolly foxglove a. Wolliger Fingerhut

a 40–100 cm jun.–ag. bienal o vivaz ☠

Hábitat *Bosques claros, matorrales. SE de Europa, plantada como medicinal en el C de Europa.*

> ***las flores apuntan a todas partes***
>
> ***corola ventruda, con venas pardo amarillas***

La medicina popular no hizo uso de esta dedalera. Contiene 80 glucósidos activos, es mortalmente venenosa y no debe usarse, bajo ningún concepto, para automedicarse. Antes se obtenía de ella el polvo de *Digitalis lanata,* con el cual el médico trataba la insuficiencia cardíaca. La medicina moderna recurre a sustancias aisladas y en parte modificadas químicamente (glucósidos cardenólidos), para tratar corazones debilitados.

¿Lo sabía?

La industria farmacéutica cultiva y cosecha esta planta para obtener una valiosa materia prima. Proporciona 3–5 veces más sustancia activa que la dedalera y, además, el cuerpo la absorbe y la elimina más fácilmente.

Dedalera amarilla

Digitalis lutea (Escrofulariáceas)

c. Didalera de Sant Jeroni f. Digitale jaune i. Yellow foxglove a. Gelber Fingerhut

a 30-70 cm jun.-ag. vivaz ☠

Hábitat *Caminos, calveros y claros de bosque. Generalmente sobre suelos calcáreos. O de Europa, Italia.*

- > **tallos y hojas lampiñas**
- > **flores dirigidas hacia un lado**
- > **corola colgante, sin dibujos por dentro**

A pesar del parentesco con otras dedaleras –contiene las mismas sustancias activas en concentraciones menores–, su papel en la medicina es escaso. Debido a su distribución por Italia se la valoraba allí más que la especie de flores rojas. *Digitalis grandiflora* se le parece, pero no es una planta medicinal.

Galeopsis segetum

Galeopsis segetum (Lamiáceas)

f. Chanvre bâtard it. Canapa selvatica i. Downy hemp-nettle a. Gelber Hohlzahn

a 10-40 cm jun.-ag. anual

Hábitat *Escombreras, márgenes de bosques, campos, baldíos. Sobre suelos laxos y pedregosos. O y C de Europa.*

- > **flores en círculos en las axilas foliares superiores**
- > **cáliz peloso, con 5 dientes**

El componente principal es ácido silícico disuelto. Posiblemente servía de remedio contra las enfermedades pulmonares desde la Antigüedad griega. Desde la Edad Media hasta los tiempos modernos ha formado parte de las "Las mejores hierbas para la tuberculosis" como remedio seguro contra esta enfermedad. Actualmente ya no se utiliza.

Retama de tintoreros

Genista tinctoria (Fabáceas)

c. Ginestola tintòria e. Xiristola f. Genêt des teinturiers it. Ginestrella i. Dyer's greenweed a. Färber-Ginster

a 30-60 cm jun.-ag. arbusto ☠

Es una planta tintórea muy usada desde hace mucho tiempo. Mientras que el pigmento amarillo sólo lo contienen las flores, la medicina popular utiliza toda la planta en flor. Es diurética, previene la formación de piedras y arenillas en la vejiga, y alivia el reuma y la gota. Se recetaba, además, para problemas de la menstruación, estreñimiento, dolencias de hígado, vesícula y pulmones, fracturas óseas, eczemas y úlceras. No deben usarlo los hipertensos ni las embarazadas.

Hábitat *Prados pobres, cenagosos, márgenes de bosques, bosques claros. Europa, O de Asia.*

> **indicadora de suelos muy húmedos**
> **tallos erguidos, lampiños, asurcados**
> **flores amariposadas, en grandes inflorescencias**

inflorescencia ramificada

hojas enteras, estrechas

flores de 8-16 mm de l.

Lluvia de oro, ébano falso

Laburnum anagyroides (Fabáceas)

c. Laburn e. Erratz p. Codeso-bastardo f. Faux ébénier it. Avorniello i. Golden rain a. Gewöhnlicher Goldregen

a h. 800 cm mayo-jun. arbusto ☠

Aunque las semillas en especial son muy venenosas (alcaloides), la planta se utilizaba en el pasado. Las hojas se usaban como mucolíticas y laxantes. Las semillas se tomaban en la medicina popular como vomitivo, antiasmático y deshidratante. Un extracto de las semillas servía de remedio para dejar de fumar. Sólo han quedado aplicaciones homeopáticas que se recetan contra las enfermedades del sistema nervioso central, trastornos gastrointestinales y vértigos.

Hábitat *Montañas del S y SE de Europa, como planta ornamental al N de los Alpes y asilvestrada en laderas soleadas.*

> **racimos colgantes de h. 25 cm de l.**
> **pecíolos y envés foliar pelosos**
> **muy venenosa**

hojas trifoliadas

racimos colgantes

flores amariposadas, de 15-20 mm de l.

Pajarita, linaria común

Linaria vulgaris (Escrofulariáceas)

c. Palometa e. Agitai-belar arrunt p. Linária f. Linaire commune it. Linaiola i. Common toadflax a. Gewöhnliches Leinkraut

a 20-70 cm jun.-oct. vivaz

Hábitat *Comunidades de malas hierbas, campos, terraplenes, arcenes, yermos. Europa, O de Asia.*

> ***tallos erguidos, apenas ramificados***
> ***flores con protuberancia abombada que cierra la garganta***

En la Edad Media y los tiempos modernos servía de talismán "antihechizos": se colgaba de la cuna y protegía a los niños de las enfermedades provocadas por hechizos. La medicina popular la usaba como diurético y laxante, y como ungüento contra las hemorroides e impurezas de la piel. Los antiguos herbarios la citaban como remedio contra dolencias del hígado y del bazo.

Meliloto

Melilotus officinalis (Fabáceas)

c. Almegó e. Itxabalki f. Mélilot officinal it. Meliloto i. Sweet clover a. Echter Steinklee

a 30-100 cm jun.-sept. bienal

Hábitat *Macizos de malas hierbas, caminos, terraplenes, pedregales, yermos. Europa, Asia.*

> ***h. 70 flores en una inflorescencia***
> ***alas de las flores más largas que la quilla***
> ***vaina redondeado ovada***

El meliloto, conocido desde la Antigüedad, sigue formando parte de medicamentos que se recetan en enfermedades venosas, tratamiento ulterior de la trombosis, hemorroides y varices. En la medicina popular, la infusión se tomaba contra las varices, las hemorroides y la tos, y se colocaban cataplasmas empapadas con la infusión sobre las piernas y las articulaciones hinchadas. La homeopatía lo usa en caso de migrañas y hemorragias nasales.

Escorodonia

Teucrium scorodonia (Lamiáceas)

c. Escorodònia g/p. Seixebra f. Germandrée scorodoine it. Camedrio scorodonia i. Wood sage a. Salbei-Gamander

a 30–50 cm jul.-sept. vivaz ☠

El nombre de la especie *Teucrium* se refiere al rey troyano Teucro, que lo utilizaba en enfermedades del bazo. La medicina popular la recomienda principalmente en casos de bronquitis, pero también para las heridas y enfermedades gastrointestinales, y antes incluso contra la tuberculosis.

Hábitat *Robledales y pinares, brezales, arcenes. Sobre suelos ácidos. Europa, N de África.*

> **planta con olor desagradable**
> **flores dirigidas hacia un lado**
> **hojas con base acorazonada**

Pensamiento silvestre

Viola arvensis (Violáceas)

c. Pensament de camp f. Pensée des champs it. Viola dei campi i. Field pansy a. Acker-Stiefmütterchen

a 5–20 cm abr.-oct. anual

La hierba en flor seca se utiliza en medicina popular para purificar la sangre. Se receta la infusión en los catarros de las vías respiratorias, la fiebre y el reuma. La fitoterapia la valora externa e internamente en las enfermedades de la piel, el acné, la dermatitis costrosa y la descamación. En homeopatía se trata con ella el eczema.

Hábitat *Campos de cereales, lugares con malas hierbas, yermos, escombreras. Europa, O de Asia, N de África.*

> **mala hierba de los cereales de invierno**
> **flores no olorosas**
> **pétalos amarillentos, los superiores blancos o violeta claro**

Cálamo aromático

Acorus calamus (Acoráceas)

c. Càlam e. Lasturrin p. Ácoro-verdadeiro f. Acore vraie it. Calamo aromatico i. Sweet flag a. Kalmus

a 60–120 cm jun.-jul. vivaz

***Hábitat** Pantanos, orillas de lagos o corrientes lentas. Originaria del SE de Asia, asilvestrada en partes de Europa.*

> **en Europa no da fruto**
> **se multiplica exclusivamente por fragmentas del rizoma**

Es una de las plantas medicinales más antiguas de la Tierra. Aparece citada en un antiguo escrito persa y en la Biblia (Antiguo Testamento). A Europa llegó en s. XVI. En el rizoma hay sobre todo principios amargos y un aceite esencial. Se elaboran con él aguardientes amargos y aperitivos. En la medicina popular se usa externamente para el reuma y el riego sanguíneo. No deben usarlo las embarazadas ni en casos de úlceras gastrointestinales.

¿Lo sabía?

El aceite contiene ß-asarona, un componente que, en los experimentos con animales, causa tumores y daños genéticos. Por eso se fabrican medicamentos de raíz de cálamo con un contenido muy bajo de asarona.

Asarabácara, ásaro

Asarum europaeum (Aristoloquiáceas)
c. Atzarí e. Basakara p. Ásaro f. Asaret it. Baccaro i. European snakeroot
a. Europäische Haselwurz
a 5-10 cm   marzo-mayo   vivaz   ☠

Aunque la raíz, en grandes dosis, puede provocar la muerte, su uso era muy corriente en la Edad Media. Se utilizaba como vomitivo y purgante en casos de hidropesía y ciática, y también como abortivo. La fitoterapia moderna utiliza preparados para las inflamaciones de las vías respiratorias y el asma.

Hábitat *Bosques planifolios y mixtos. Sobre suelos húmedos, generalmente calcáreos. C y E de Europa, O de Asia.*

> **flores a menudo en el suelo, ocultas entre las hojas**
> **flores verdosas por fuera, pardo rojas por dentro**

Uva de zorro, hierba de Paris

Paris quadrifolia (Triliáceas)
c. Raïm de guineu e. Azori-mats f. Raisin de renard it. Uva di volpe i. Herb Paris
a. Vierblättrige Einbeere
a 10-30 cm   mayo-jun.   vivaz   ☠

El nombre científico del género (*Paris*) procede de la mitología griega y se comparó su fruto con la famosa manzana de la diosa Eris o Discordia (juicio de Paris). La explicación del nombre es igual de mítica que el uso de esta planta medicinal hoy olvidada: se creía que quien llevara consigo el fruto estaba libre de la peste. La homeopatía la utiliza sólo para el dolor de cabeza y en inflamaciones de las vías respiratorias.

Hábitat *Bosques mixtos herbosos y húmedos, bosques de ribera. Europa, O de Asia.*

> **indicadora de aguas freáticas**
> **en general 4 hojas dispuestas en cruz**

Llantén menor

Plantago lanceolata (Plantagináceas)

c. Plantatge de fulla estreta e. Borzain-belarr g. Chantage p. Tanchagem f. Plantain lanceolé it. Piantaggine lanciuola i. Ribwort plantain a. Spitz-Wegerich

a 10–50 cm mayo–sept. vivaz

Hábitat *Prados lozanos, pastos, parques, yermos, campos, arcenes. Europa, Asia.*

> ***espigas sobre tallos con 5 surcos***
> ***hojas en una roseta basal***

Las hojas se conocen en muchos lugares para remediar las picaduras de insectos y pequeñas heridas: el jugo fresco es antibacteriano e impide las inflamaciones. Las hojas secas se toman en forma de infusión en casos de catarros de las vías respiratorias e inflamaciones de la boca y de la garganta, y también se toma en preparados.

Llantén mayor

Plantago major (Plantagináceas)

c. Plantatge gros g. Chantage maior p. Tanchagem maiore. f. Grand plantain it. Piantaggine maggiore i. Great plantain a. Breit-Wegerich

a 5–40 cm jun.–oct. vivaz

Hábitat *Caminos, solares y hendiduras del pavimento, céspedes, yermos. Todo el mundo.*

> ***planta pionera que soporta incluso el pisoteo***
> ***hojas de la roseta a menudo erguidas***

La medicina popular lo usa menos que su pariente de hojas más estrechas. Las semillas se usan como laxante y las hojas, para la tos y las heridas. La homeopatía la receta para diferentes indicaciones, entre ellas, erupciones cutáneas, enuresis nocturna, heridas dolorosas e inflamaciones del oído medio.

Muérdago

Viscum album (Lorantáceas)

c. Vesc e. Bigura p. Visco-branco f. Gui blanc it. Vischio i. Mistletoe a. Laubholz-Mistel

a 20–50 cm febr.–abr. arbusto ☠

En la mitología germánica era una planta mágica. Una flecha fabricada con ella mató al invulnerable Bálder, y los druidas galos lo cortaban con una hoz dorada para preparar sus bebidas mágicas; de la magia sólo ha quedado el beso bajo la rama de muérdago. La infusión de la hierba y el extracto son un remedio para la presión alta y previene la arteriosclerosis; la medicina popular la usa contra la epilepsia, el asma y la tos ferina.

Hábitat *Semiparásito sobre árboles planifolios. Rara o dispersa. Europa, Asia.*

> ***otras especies parasitan los árboles aciculifolios***
> ***flores masculinas y femeninas en plantas diferentes***

Lo sabía?

Los usos son muy controvertidos. La inyección de extracto de muérdago procedente de la medicina antroposófica parece que estimula la defensa inmune del cuerpo en casos de tumores benignos y malignos.

Hiedra

Hedera helix (Araliáceas)

c. Heura e. Untza g. Areira p. Heradeira f. Lierre grimpant it. Edera i. Ivy a. Gewöhnlicher Efeu

a 50–200 cm sept.-nov. arbusto ☠

Hábitat *Bosques mixtos, de ribera, parques y muros. Europa, SO de Asia.*

> ***planta trepadora siempre verde con raíces adventicias***
> ***hojas en los brotes floríferos***

Es una antigua planta medicinal y cultivada que se asociaba a Dionisos o Baco. Las hojas contienen diversas sustancias activas expectorantes y espasmolíticas. Actualmente, debido a su toxicidad, se usan preparados para la tos, la bronquitis y el asma. Además, en la medicina popular sólo eran habituales para las enfermedades de la piel las hojas en forma de fomentos.

¿Lo sabía?

Tiene una gran importancia para la fauna europea en general. Como florece en una época inusualmente tardía, los insectos encuentran todavía néctar en otoño. En primavera, los pájaros consumen sus bayas y construyen los nidos ocultos entre las hojas.

Abeto

Abies alba (Pináceas)

c. Avet e. Izai g. Abeto p. Abeto-branco f. Sapin it. Abete bianco i. Hemlock a. Weiss Tanne

a h. 50 m mayo-jun. árbol

Proporciona un aceite esencial que se obtiene de las agujas y los conos. Favorece la expulsión de mucosidad en los enfriamientos y tiene un efecto antimicrobiano. El aceite de abeto se halla en preparados para friegas (estimula la piel), como bálsamo o añadido a las inhalaciones. También la homeopatía receta los ápices de las ramas jóvenes no leñosas junto con las agujas y los conos en las enfermedades de las vías respiratorias. No debe usarse en casos de asma bronquial.

Hábitat *Montañas a alturas medias y altas, h. 1000 m. Frecuente. Desde el C de Europa h. el S.*

> ***conos con escamas en espiral***
> ***las escamas se desprenden aisladamente, no todo el cono***

¿Lo sabía?

Antes se usaba la "trementina de Strassburger", que se obtenía de las pequeñas gotas de resina que salían de la corteza. Se utilizaba externamente para el reuma y las neuralgias e internamente en caso de bronquios enfermos.

Cedro del Líbano

Cedrus libani (Pináceas)

c. Cedre del Líban e. Libanoko zedro p. Cedro-do-Líbano f. Cèdre du Liban i. Cedro del Libano a. Libanon-Zeder

a h. 50 m ag.-oct. árbol

Hábitat *Asia Menor, Líbano, plantado en parques y como ornamental, también en el C de Europa.*

> ***siempre verde***
> ***conos erguidos, con el ápice plano***
> ***generalmente con varios troncos***

Famosos ya en la Antigüedad, no sólo proporcionaban madera para el templo. El aceite esencial destilado de la madera –y de otras especies de cedros– se inhalaba o tomaba en las enfermedades de los órganos respiratorios como espasmolítico. Todavía hoy se halla en conocidos linimentos para fricciones.

Ciprés

Cupressus sempervirens (Cupresáceas)

c. Xiprer e. Alzifre g./p. Cipreste f. Cyprès it. Cipresso i. Cypress a. Echte Zypresse

a h. 30 m abr.-jun. árbol

Hábitat *Zona mediterránea oriental, Asia Menor, plantada frecuentemente y asilvestrada en el S de Europa.*

> ***siempre verde***
> ***forma columnar***
> ***agujas escamiformes***

El aceite esencial de las hojas y las ramas jóvenes favorece la expulsión de la mucosidad tenaz en los enfriamientos y aparece en linimentos y ungüentos contra los resfriados. Debido a su intenso perfume, algunos de sus componentes forman parte de perfumes, aceites para el baño y ambientadores. El aceite se usa en homeopatía para los dolores de cabeza y de las articulaciones.

Enebro

Juniperus communis ssp. *communis* (Cupresáceas)

c. Ginebre e. Ipar ipurua g. Xenebro f. Genévrier it. Ginepro i. Juniper
a. Gewöhnlicher Wachholder

a 30–100 cm ag.–oct. arbusto

Los germanos ya lo conocían. En la Edad Media se quemaba la madera contra los hechizos de las brujas y se creía que podía proteger contra la peste. Las bayas eliminan el agua. Se desaconseja su uso prolongado debido a posibles daños renales; en cambio, las bayas del enebro como condimento no son peligrosas. El aceite esencial de la madera se utiliza en fricciones contra el reuma. No se debe usar en casos de enfermedades renales o embarazo.

Hábitat *Brezales, pastos pobres, bosques secos. Generalmente sobre suelos calcáreos. Hemisferio norte.*

> ***flores masculinas y femeninas normalmente en plantas distintas***
> ***conos carnosos como bayas (gálbulos)***

Consejo de salud

Infusión contra trastornos de estómago con acidez y sensación de plenitud: se vierte agua hirviendo sobre 1 c. rasa de bayas machacadas. Se deja reposar 10–15 minutos y se cuela. Para usarlo con seguridad se ha de consultar con el médico.

Sabina rastrera

Juniperus sabina (Cupresáceas)

c. Savina de muntanya e. Miter arrunt p. Erva-sabina f. Sabine it. Sabina i. Savine a. Sadebaum

a 100–120 cm abr.-mayo arbusto ☠

***Hábitat** Lugares secos, de rocosos a pedregosos. Montañas del C y S de Europa, N de África, Asia.*

> ***siempre verde***
> ***agujas de olor desagradable al triturarlas***

El aceite de los ápices de las ramas y los frutos puede ser mortal. Irrita la piel y las mucosas, y en la Edad Media servía de droga abortiva. La medicina popular la utilizaba contra las verrugas, trastornos menstruales, irritaciones de la vejiga y, externamente, contra el reuma.

Alerce

Larix decidua (Pináceas)

c. Làrix e. Alertze europar p. Lárice-dos-Alpes f. Mélèze it. Larice i. Larch a. Europäische Lärche

a h. 35 m marz.-jun. árbol

***Hábitat** Originaria de los Alpes y los Cárpatos. Plantado en arboledas y asilvestrado.*

> ***verde en primavera***
> ***30–40 agujas por fascículos***
> ***amarillo dorado en otoño***

En la terapia floral de Bach, la esencia de alerce procedente de las flores hace subir la autoestima. La fitoterapia hace uso de la trementina de alerce, que se obtiene de la resina del tronco. Se usa sólo exteriormente en forma de ungüentos, emplastos y emulsiones para el reuma, las neuralgias y los furúnculos.

Abeto rojo, pícea

Picea abies (Pináceas)

c. Pícea e. Izei gorri p. Espruce-europeu f. Epicéa commun it. Abete rosso i. Norway spruce a. Gewöhnliche Fichte

a h. 50 m abr.-jun. árbol

Medicinalmente se usan los ápices de los brotes, las agujas y el aceite. Las sustancias activas son antimicrobianas y expectorantes en las enfermedades por enfriamientos y los catarros de las vías respiratorias. Externamente, el aceite sirve para los trastornos sanguíneos, el reuma y las neuralgias. El aceite de pícea es un componente del alcohol para fricciones. La medicina popular utilizaba la infusión de ápices de las ramas frescas contra el escorbuto y la tuberculosis. No usar en caso de asma e insuficiencia cardíaca.

Hábitat *Alturas medias y altas en montañas h. 800 m. N y C de Europa, Alpes h. Siberia, con frecuencia en arboleda.*

> ***siempre verdes***
> ***agujas dirigidas hacia todos los lados***
> ***los conos maduros se desprenden enteros del árbol***

Consejo de salud

Baño de inhalaciones para enfriamientos: se vierten unas gotas de aceite de pícea en una palangana con agua caliente, y se cubre la cabeza con un pañuelo para respirar los vapores.

Pino de montaña

Pinus mugo ssp. *mugo* (Pináceas)

c. Pi negre it. Pino mugo i. Mountain pine a. Berg-Kiefer

a 1–15 m mayo–jul. árbol

Hábitat *Ciénagas en montañas a altitudes medias. Alpes y Cárpatos por encima del límite de los árboles.*

- > ***arbustivo, siempre verde***
- > ***sobrevive bajo la capa de nieve***
- > ***conos maduros el 2º año***

El aceite de *Pinus mugo* procede de las agujas y de los ápices de las ramas, pero el "aceite de agujas de pino" está hecho con pino de montaña y pino albar. Su efecto es igual al de los aceites de otras coníferas. Favorece la expulsión de mucosidades en enfermedades provocadas por enfriamientos y bronquitis. Externamente se usa para friegas y como aditivo de baños. No debe usarse en caso de asma o insuficiencia cardíaca.

Consejo de salud

Contra los enfriamientos se usa el aceite de Pinus mugo *procedente de farmacias y herbolarios, igual que el de abeto. En casos de reuma y neuralgias se aplican varias veces al día 5–10 gotas en el lugar dolorido y se masajea.*

Pino rodeno, p. negral

Pinus pinaster (Pináceas)
c. Pinastre g. Pineiro bravo e. Itsas pinua p. Pinheiro-bravo f. Pine maritime i. Pino marittimo i. Cluster pine a. Strand-Kiefer

a h. 40 m abr.-jun. árbol

De la resina (bálsamo) que el tronco secreta ante las heridas, se obtiene por destilación aceite de trementina. Del viscoso residuo se obtiene la colofonia para los arcos de los instrumentos de cuerda. El aceite de trementina se receta en inhalaciones para las enfermedades bronquiales crónicas y para fricciones en caso de reuma y neuralgias.

Hábitat *Costas, suelos arenosos pobres, pobres en cal, de la zona mediterránea occidental.*

> **siempre verde**
> **árboles viejos con la corteza agrietada**
> **agujas siempre en parejas**

Pino albar, p. silvestre

Pinus sylvestris var. *sylvestris* (Pináceas)
Pinus sylvestris var. sylvestris (Pináceas) c. Pi roig e. Lergorria p. Pinheiro-silvestre f. Pin sauvage it. Pino silvestre i. Scots pine a. Wald-Kiefer

a h. 40 m mayo-jun. árbol

El aceite de este pino se usa igual que el de los otros pinos: en enfermedades por enfriamientos y trastornos circulatorios. La medicina popular recurre directamente a los brotes frescos para hacer inhalaciones en enfermedades por enfriamientos y para aromatizar baños o hacer jarabes con su extracto.

Hábitat *Dunas, rocas, ciénagas. Sobre suelos secos. Plantado también en arboledas.*

> **siempre verde**
> **flores femeninas en el ápice de los brotes nuevos**
> **flores masculinas por debajo**

Tejo

Taxus baccata (Taxáceas)

c. Teix g./p. Teixo e. Hagina f. If it. Tasso i. Yew a. Europäische Eibe

a h. 15 m marz.-mayo árbol ☠

Hábitat *Raras veces silvestre, aislado en bosques. Plantado como ornamental, en parques.*

- > **siempre verde**
- > **flores masculinas y femeninas en plantas diferentes**
- > **agujas suaves, en 2 filas**

Crece muy lentamente y son raros y, por eso, los grupos densos son a menudo descendientes de antiguas plantaciones: los druidas lo plantaban en los lugares santos para fabricar varitas mágicas con su madera y cerca de los castillos eran la base para los arcos largos. Los cristianos ingleses lo plantaban en los cementerios. Aunque el tejo es mortalmente venenoso, la medicina popular lo usaba contra las lombrices, en caso de insuficiencia cardiaca y para favorecer la menstruación.

¿Lo sabía?

El taxol de la corteza de una especie americana (T. brevifolia) *inhibe con precisión la división celular y se utiliza en la terapia para el tratamiento de determinadas clases de cáncer. También es posible obtener la materia prima de la droga de las agujas de otras tejos.*

Aliso

Alnus glutinosa (Betuláceas)

c. Vern e. Altza g./p. Amieiro f. Aulne it. Ontano i. Alder a. Schwarz-Erle

a h. 25 cm marz.-abr. árbol

La corteza la utilizan exclusivamente la medicina popular y la homeopatía. La primera emplea los taninos y prepara con ella una decocción para gargarismos o inflamaciones de la boca y la garganta o como lavativas para hemorragias intestinales. La corteza se usa en homeopatía contra las enfermedades cutáneas.

Hábitat *Bosques de ribera, arroyos, horizontes acuíferos. Toda Europa h. Liberia, N de África.*

- ***las flores aparecen antes que las hojas***
- ***frutos como conos***
- ***hojas alternas***

Abedul

Betula pendula (Betuláceas)

c. Bedoll e. Urki g. Bido p. Bidoeiro f. Bouleau blanc it. Betulla bianca i. Silver birch a. Hänge-Birke

a h. 25 m abr.-mayo árbol

Antes de Hildegarda de Bingen ya se conocían las propiedades de este árbol. Las hojas secas son diuréticas y no irritan los riñones; se usan en infecciones bacterianas de las vías urinarias. La medicina popular utiliza las hojas contra el reuma, la artritis y la gota. El jugo fresco de abedul en primavera remedia la caída del cabello.

Hábitat *Bosques planifolios, de coníferas, pastos pobres, brezales, yermos, Europa, O de Asia.*

- ***verdes en verano***
- ***amentos masculinos colgantes***
- ***núculas con 2 alas anchas***

Castaño

Castanea sativa (Fagáceas)

c. Castanyer e. Gaztainondo g. Castañeiro p. Castanheiro f. Châtaignier it. Castagno i. Sweet chestnut a. Edel-Kastanie

a h. 30 m jun. árbol

Hábitat *Originaria del SO de Asia, S de Europa, desde la época romana asentada al N de los Alpes en regiones con inviernos suaves.*

> ***flores masculinas en amentos erguidos***
> ***flores femeninas por debajo***
> ***fruto en una cúpula erizada***

El producto más conocido del árbol son las castañas, ricas en almidón y azúcares. En sus lugares de origen no sólo sirven de alimento, sino que también alivian las diarreas. Sin embargo, la verdadera eficacia medicinal la tienen los taninos de las hojas. La fitoterapia apenas sí lo utiliza y la medicina popular lo usa como antitusivo, antidiarreico, en inflamaciones de la garganta (gárgaras), trastornos circulatorios y dolores de piernas (esquelalgia).

Consejo de salud

Infusión para problemas respiratorios: se vierte agua fría sobre 2 c. de hojas finamente picadas por taza y se hierve. En seguida se cuela, se deja enfriar y se beben 2–3 tazas al día.

Algarrobo

Ceratonia siliqua (Hipericáceas)

c. Garrofer e. Marikoltze g./p. Alfarrobeira f. Caroubier it. Carrubo i. Carob tree a. Johannisbrotbaum

a 2-10 m jul.-sept. arbusto o árbol

Las semillas tienen un peso constante de 0,18 g, y esto corresponde exactamente a 1 quilate, por lo que antes se usaba para pesar joyas. La harina de las semillas, indigerible en gran parte, se añade para espesar los alimentos infantiles, forma parte de las dietas para los diabéticos y se usa como excipiente en la fabricación de comprimidos. Las legumbres son un remedio contra la diarrea.

Hábitat *Maquias, laderas rocosas. Sobre suelos pobres en nutrientes. Zona mediterránea, O de Asia, N de África.*

> **siempre verde**
> **hojas paripinnadas**
> **las flores brotan directamente de las ramas**

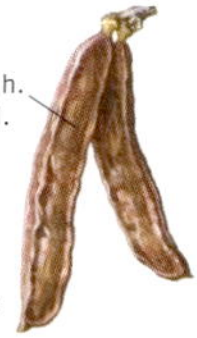

Haya

Fagus sylvatica (Fagáceas)

c. Faig e. Pago g./p. Faia f. Hêtre it. Faggio i. Beech a. Rotbuche

a h. 40 m abr.-mayo árbol

El carbón o la madera de haya es empleado de manera diversa por la homeopatía y antes por la medicina popular para el reumatismo y las enfermedades de la piel. El aceite obtenido por prensado de los hayucos no es venenoso, mientras que los frutos pueden provocar náuseas y dolores de vientre. La esencia floral de Bach *beech* favorece la tolerancia.

Hábitat *Bosques. Sobre suelos limosos ricos en cal. C y O de Europa. Montañas del S.*

> **verde en verano**
> **flores femeninas en una cúpula**
> **frutos en cúpulas de 4 valvas**

Higuera

Ficus carica (Moráceas)

c. Figuera e. Piko-ondo g./p. Figueira f. Figuier it. Fico i. Fig tree a. Echte Feige

a 200–1000 cm jun.-sept. arbusto

Hábitat *Originaria de la zona mediterránea, Asia Menor h. el NO de la India, cultivada en muchos lugares como árbol frutal.*

> ***pierde las hojas***
> ***flores ocultas en una cúpula***
> ***partes de la planta con látex***

Que Adán y Eva cubrían simbólicamente su desnudez con una hoja de higuera no es seguramente una casualidad, pues la higuera la conocían los asirios como planta cultivada. En el mundo árabe, los higos solos o en una decocción de leche con azafrán, almendras, pistachos y otros ingredientes son afrodisíacos. Frescos se usan como laxante suave y como remedio casero contra las hemorroides y los cálculos de riñón y vejiga. Las hojas se recetan en casos de heridas, molestias digestivas e infecciones por lombrices.

¿Lo sabía?

En las hojas y en los frutos maduros puede encontrarse un enzima proteolítico. Por eso, en los países de origen se añaden higos a los platos con carnes o ragús, para de este modo hacerlas más tiernas.

Fresno

Fraxinus excelsior (Oleáceas)

c. Freixe de fulla gran e. Lizarra g./p. Freixo f. Frêne élevé it. Frassino i. Common ash a. Gewöhnliche Esche

a h. 40 m abr.-mayo árbol

Es una planta típica de la medicina popular que no ha usado la medicina oficial, salvo la homeopatía. Las hojas contienen taninos, mucílagos y ácidos vegetales; se usa como infusión antidiurética para el reuma, la gota y el mal de piedra, como laxante suave y para tratar heridas de difícil curación.

Hábitat *Bosques de ribera, mixtos, orillas de arroyos y ríos. Europa, Asia Menor h. el Cáucaso.*

> ***verde en verano***
> ***árbol pionero también en lugares secos***
> ***las flores aparecen antes que las hojas***

Ginkgo, árbol de los 40 escudos

Ginkgo biloba (Ginkgoáceas)

c./g./p. Ginkgo e. Ginko f. Ginkgo it. Ginko i. Ginkgo a. Ginkgo

a h. 30 m marz.-abr. árbol

Las hojas las receta la medicina china sobre todo en caso de asma. La medicina occidental receta exclusivamente preparados cuyos efectos son controvertidos. Los preparados de ginkgo mejoran la circulación. Aumentan la memoria y el rendimiento cerebral reducidos por la vejez.

Hábitat *Originaria de China, cultivada en todo el mundo en parques y como ornamental.*

> ***verde en verano***
> ***gimnosperma primitiva (emparentada con las coníferas)***
> ***flores masculinas y femeninas en plantas diferentes***

Espino amarillo

Hippophaë rhamnoides var. *rhamnoides* (Eleagnáceas)
c. Arç groc e. Elorri f. Argousier i. Sea buckthorn a. Gewöhnlicher Sanddorn

a h. 500 cm marz.-mayo arbusto

Hábitat *Graveras de ríos de montaña, dunas. Europa, Asia, plantado para fijar el suelo.*

> ***arbusto espinoso***
> ***flores masculinas y femeninas en plantas diferentes***
> ***flores insignificantes en inflorescencias densas***

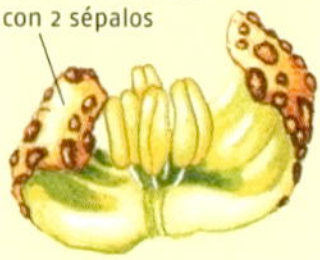

Las bayas tienen una riqueza inusual en vitamina C, E y F, algunas vitaminas B y provitamina A. Contienen ácidos frutales y un 7% de ácidos grasos. Con el aceite purificado se tratan en Rusia los daños por radiación y las heridas, y la medicina india lo usa contra problemas de pulmón. Las bayas crudas no son comestibles y la medicina occidental utiliza su jugo como preventivo de las enfermedades por enfriamientos o por carencia de vitamina C. Se mezcla con jugos y conservas de frutas.

Consejo de salud

Mermelada de espino amarillo: vale la pena hacer mermelada donde el arbusto abunda. Se cuecen 150 g de bayas frescas con 100 g de azúcar hasta que las bayas se deshagan. Se tamiza y se vuelve a cocer para reducir el líquido; se depositan en recipientes de cristal para que se enfríen.

Nogal

Juglans regia (Juglandáceas)
c. Noguera e. Intxaurrondo g./p. Nogueira f. Noyer royal it. Noce i. Walnut a. Echte Walnuss

a h. 25 m mayo árbol

Las semillas son un alimento y una golosina y las cáscaras de los frutos servían para teñir; sólo las hojas y los frutos se usaban en medicina. Las hojas contienen taninos; se usaban en forma de cataplasmas, lavados y enjuagues para tratar impurezas de la piel, eczemas, sudor de pies y heridas. La infusión de las hojas lo solía usar sólo la medicina popular para el estómago y el intestino. La cubierta verde del fruto da también un colorante para mantener el color pardo de los cabellos.

Hábitat *Originario de la península balcánica h. el SO de Asia, cultivado por sus frutos y asilvestrado en muchos lugares.*

> ***verde en verano***
> ***2-3 flores femeninas al final del brote***
> ***hojas opuestas, pinnadas***

Consejo de salud

Baño contra el sudor de pies: se vierten 200 ml de agua fría sobre 4-6 cucharaditas de folíolos triturados. Se hierve y se deja cocer 3-5 minutos. Se deja en reposo 15 minutos más, se cuela y se pone en una palangana. Se realizan pediluvios diarios varias veces al día.

Lentisco

Pistacia lentiscus (Anacardiáceas)

c. Llentiscle e. Legeltxor g./p. Aroeiro f. Lentisque it. Lentisco i. Lentisc a. Mastixbaum

a 1–3 m marz.-jun. arbusto-árbol

Hábitat *Bosques secos, maquias, garrigas. Zona mediterránea.*

> ***verde en invierno***
> ***flores masculinas y femeninas en plantas diferentes***
> ***drupas negras, de 4 mm***

La almáciga o mástique es una resina que se obtiene sangrando la corteza. Servía para fijar vendas y se ha usado para pegar barbas artificiales. En sus lugares de origen se tratan con la almáciga toses y enfermedades bronquiales, trastornos estomacales y, con las hojas, la hipertensión.

Roble

Quercus sp. (Fagáceas)

c. Roure g. Carballo e. Aritza p. Carvalheira f. Chêne it. Quercia i. Oak a. Eichen

a 30–50 m mayo árbol

Hábitat *Bosques planifolios, plantada también en muchas partes.*

> ***el carballo tiene inflorescencias pedunculadas y el roble albar las tiene sentadas***
> ***las flores aparecen antes que las hojas***
> ***base foliar del carballo con aurículas y las del roble albar sin ellas***

La fuerza del nudoso roble se transmite al usuario de la esencia floral de roble *(oak)* de Bach. La corteza se usa externamente desde Dioscórides. Sus taninos son hemostáticos, astringentes y calman el picor en las enfermedades cutáneas, heridas, hemorroides e inflamaciones de la boca y la garganta (gargarismos).

Rusco

Ruscus aculeatus (Liliáceas)

c. Galzeran e. Erkalatx g. Xibarda p. Azevinho menor f. Fragon it. Pungitopo i. Butcher's Broom a. Stacheliger Mäuserdorn

a 10–80 cm oct., febr.–abr. arbusto

El rizoma contiene una sustancia antiinflamatoria y deshidratante. Se encuentra en forma de extracto en preparados para las venas. También la usaba la medicina popular contra las inflamaciones y la deshidratación.

Hábitat *Bosques, matorrales, zona mediterránea, O de Francia h. Bélgica, SO de Asia.*

> **arbusto verde en invierno**
> **flores masculinas y femeninas en plantas diferentes**
> **tallos ensanchados en forma de hojas**

Olmo, negrillo

Ulmus minor (Ulmáceas)

c. Om e. Zumarra g. Llamagueiro p. Negrilho f. Orme champêtre it. Olmo campestre i. Field elm a. Feld-Ulme

a h. 40 m marz.–abr. árbol

La medicina popular francesa lo valoraba mucho contra las enfermedades crónicas de la piel. La corteza de las ramas jóvenes contiene taninos que se usaron contra la diarrea, los trastornos digestivos, la deshidratación y las inflamaciones de la boca y la garganta. La esencia floral de Bach *elm* proporciona confianza y seguridad en uno mismo.

Hábitat *Bosques de ribera, matorrales, canteras. S y C de Europa, SO de Asia, NO de África, plantado junto a carreteras.*

> **verde en verano**
> **las flores aparecen antes que las hojas**
> **hojas de base asimétrica**

Sauce blanco

Salix alba ssp. *alba* (Salicáceas)

c. Salze blanc e. Zume zuria g./p. Salgueiro branco f. Saule blanc it. Salice bianco i. White willow a. Silber-Weide

a h. 30 m abr.-mayo arbusto-árbol

Hábitat *Orillas de ríos, arroyos y lagos. Sobre suelos parcialmente anegados. Europa, Asia.*

> ***uno de los sauces europeos más grandes***
> ***flores masculinas y femeninas en plantas diferentes***
> ***las flores aparecen junto con las hojas***

La corteza de sauce hace disminuir la fiebre. Contiene salicina, a partir de la cual se forma en el cuerpo ácido salicílico, que está emparentado químicamente con la aspirina. La medicina popular usaba la decocción de la corteza para el reuma, dolores de cabeza y neuralgias, en enfriamientos febriles y gota. La esencia floral de Bach *willow* anima a las personas amargadas. No debe usarse durante el embarazo.

Consejo de salud

Infusión de sauce para trastornos gástricos e intestinales: se vierte agua fría sobre 1 taza de corteza de sauce finamente triturada, se pone a fuego lento hasta que hierva y se aparta del fuego. Se deja en reposo 5 minutos y se cuela.

Vid

Vitis vinifera (Vitáceas)

c. Vinya e. Ardantza g. Vide p. Videira f. Vigne it. Vite i. Grapevine a. Echter Weinstock

a h. 1000 cm jun.-jul. arbusto

Las hojas de la vid contienen flavonoides y taninos. La medicina popular lo usó en las dolencias cutáneas y hemorragias, y su extracto aparece en preparados modernos para la venas. Las uvas sin fermentar actúan como un laxante suave; una cura de uvas remedia las enfermedades del metabolismo, la obesidad y las dolencias cardíacas.

Hábitat *Bosques de ribera, orillas de ríos. Originaria del SE de Europa, O de Asia, cultivada en muchos lugares y generalmente asilvestrada.*

> ***planta trepadora verde en verano***
> ***en las formas silvestres flores masculinas y femeninas en plantas diferentes***

¿Lo sabía?

Tanto en el vino tinto como en el blanco existen unos compuestos fenólicos antioxidantes. Hacen subir el colesterol sanguíneo "bueno" (HDL) y protegen de las enfermedades cardiovasculares y circulatorias, si se consume con moderación.

Pie de león

Alchemilla xanthochlora (Rosáceas)

c. Pota de lleó e. Tuisarra p. Pé-de-leão f. Alchemille vulgaire it. Alchimilla i. Lady's mantle a. Gewöhnlicher Frauenmantel

a 10–70 cm mayo–sept. vivaz

Hábitat *Prados, pastos, matorrales, pistas forestales, zanjas. Sobre suelos húmedos. Toda Europa.*

> ***las hojas repelen las gotas de agua***
> ***la superficie foliar no queda salpicada***

Entre los germanos, la planta estaba consagrada a la diosa Frigga y la utilizaban para las dolencias femeninas, como reglas dolorosas, molestias del climaterio y flujos. Además, la medicina popular la usaba para remediar inflamaciones de las mucosas y heridas de la piel.

Avena

Avena sativa (Poáceas)

c. Civada e. Olo g./p. Aveia f. Avène it. Avena i. Oats a. Saat-Hafer

a 60–150 cm jun.–ag. anual

Hábitat *Originaria de la zona mediterránea, cultivada en masa y asilvestrada en arcenes y escombreras.*

> ***gramínea con la base amacollada***
> ***espículas con 2 flores y aristas más largas***
> ***inflorescencia de 15–30 cm de altura***

Es sobre todo un alimento que baja el nivel de colesterol. El mucílago de los copos es un remedio para las enfermedades con diarrea. Como remedio casero en forma de “avena verde”, se usa también contra el estreñimiento, la gota y el reuma. La paja de avena en forma de baños la receta la medicina popular contra inflamaciones y dolencias cutáneas, picores, gota y reuma.

Cáñamo

Cannabis sativa (Cannabináceas)

c. Cànem e. Kalamu g. Cáñamo p. Cánhamo f. Chanvre it. Canapa i. Hemp a. Hanf

a 30-250 cm jul.-oct. anual

Es una antigua planta medicinal y estupefaciente que ya aparece citada en un libro de medicina china del año 2700 a.C. La medicina china todavía la usa. En Europa se utilizó hasta tiempos modernos, sobre todo por su fibra. Las inflorescencias de la planta femenina contienen tetrahidrocannabinol (THC). La droga reduce la presión ocular interna y las náuseas producidas por la quimioterapia contra el cáncer, mejora el apetito de los pacientes de sida y alivia los dolores.

***Hábitat** Originaria del SE de Asia, plantada en todo el mundo por el aceite y la fibra.*

> ***las formas cultivadas por la fibra carecen en gran parte de THC***
> ***flores masculinas y femeninas en plantas diferentes***

¿Lo sabía?

La demanda de cáñamo como materia prima aumenta continuamente. Según las leyes europeas, sólo puede cultivarse el cáñamo de fibra, el cual tiene un contenido de TCH inferior a 0,3%.

Zarzaparrilla alemana

Carex arenaria (Ciperáceas)

g. Buño das praias p. Carriço-das-areias f. Laîche des sables i. Sandcarex a. Sand-Segge

a 10–50 cm mayo–jun. vivaz

Hábitat *Brezales, dunas, sobre suelos arenosos. O, N y C de Europa.*

> ***el rizoma forma largos estolones***
> ***tallos triangulares***
> ***planta triturada aromática***

Se descubrieron sus usos medicinales a mediados del s. XVIII. La raíz es un remedio contra la sífilis, como sustituto de la raíz de la zarzaparrilla *(Smilax)*, que es más cara. Es diurética y sudorífica, y la medicina popular la usó como purificadora de la sangre, para la profilaxis de la gota y el reumatismo y para las dolencias de piel.

Falso cáñamo

Datisca cannabina (Datiscáceas)

f. Chanvre de Crète it. Canapa de Creta i. False hemp a. Scheinhanf

a 1–2 m jun.–sept. vivaz

Hábitat *Orillas de ríos, bosques. Chipre, Creta, SO de Asia h. el Himalaya.*

> ***su aspecto recuerda el del cáñamo***
> ***flores masculinas y femeninas en plantas diferentes***

Debido a su distribución no tiene una gran importancia en la medicina popular, pero las sustancias activas se ofrecen en preparados. El colorante amarillo datiscina de la hierba y la raíz tiene una acción semejante a la de la insulina. También la homeopatía lo receta para la diabetes.

Grama de las boticas

Elymus repens (Poáceas)

c. Gram prim e. Aski luze g./p. Grama canina f. Chiendent officinal it. Gramigna canina i. Couchgrass a. Gewöhnliche Quecke

a 30–150 cm jun.-ag. vivaz

El médico herborista inglés John Gerard (1597) la llamaba "huésped indeseable" de los campos, cuyas "virtudes medicinales" la compensaban. Así resume la valoración actual de la raíz de esta grama. Actúa como diurética en las inflamaciones de las vías urinarias y la medicina popular la usa como laxante, para dolencias bronquiales, reuma y gota. No debe usarse en caso de edema ni de enfermedades cardíacas o renales.

Hábitat *Entre malas hierbas, jardines, campos, orillas de ríos. Europa, Asia.*

> ***gramínea productora de estolones***

> ***espículas en inflorescencias de 2 carreras***

Consejo de salud

Infusión para el catarro de las vías respiratorias: se vierte agua hirviendo sobre 2–3 c. de la raíz por taza y se cuela tras 10 minutos. Hasta 4 tazas diarias.

Lechetrezna común

Euphorbia cyparissias (Euforbiáceas)

c. Lletera de fulla estreta f. Euphorbe cyprès i. Cypress spurge a. Zypressen-Wolfsmilch

a 10–30 cm abr.–ag. vivaz ☠

Hábitat *Pastos pobres, céspedes, caminos y arcenes, yermos. Sobre suelos calcáreos secos. Europa.*

> ***planta con látex blanco***
> ***4 glándulas nectaríferas como medias lunas***
> ***flores insignificantes***

El látex es posiblemente cancerígeno e irrita la piel y las mucosas. De ninguna manera debe entrar en contacto con los ojos ni hay que automedicarse con ella. Antes la raíz se ponía en vinagre y se utilizaba como remedio casero para el estreñimiento y el dolor de muelas, mientras que para las verrugas se usaba el jugo fresco.

Cebada

Hordeum vulgare (Poáceas)

c. Ordi e. Garagarr g./p. Orxo f. Orge it. Orzo i. Barley a. Mehrzeilige Gerste

a 50–150 cm mayo–jun. anual

Hábitat *Sólo se conoce cultivada.*

> ***la malta de las semillas es la base de la cerveza***
> ***planta con pruina verdigrís***

La mayor parte de la cosecha de cebada va a parar, naturalmente, a la industria cervecera. Con la cebada malteada se elaboran los caramelos de malta, que calman la ronquera en los catarros. Con los granos se fabricaba una crema, un viejo remedio casero que servía contra la diarrea y los trastornos gastrointestinales.

Lúpulo

Humulus lupulus (Cannabináceas)

c. Llúpol e. Ezker-aien g. Lúpulo p. Engatadeira f. Houblon it. Luppolo i. Hop plant a. Gewöhnlicher Hopfen

a 200–400 cm jul.-ag. vivaz

Sólo se cultivan las plantas femeninas sin fecundar porque son las que almacenan en las inflorescencias los apreciados principios amargos usados para la cerveza. La fitoterapia receta las inflorescencias como tranquilizante y somnífero. En la medicina popular, la infusión de éstas es aperitiva y digestiva. Ya desde la Edad Media se sabía que las inflorescencias reducen la excitación sexual. Cuidado: pueden irritar la piel en contacto con ella.

Hábitat *Bosques de ribera, márgenes de bosques. Rara, generalmente cultivada. S y C de Europa, SO de Asia, Norteamérica.*

> ***flores masculinas y femeninas en plantas diferentes***
>
> ***planta trepadora***

Consejo de salud

Infusión para dormir mejor: se vierte agua caliente sobre 1–2 c. de flores y se cuela pasados 10 minutos. Se bebe antes de ir a dormir mitigando su amargor con miel. También se puede mezclar la hierba con valeriana (1:1).

Mercurial perenne

Mercurialis perennis (Euforbiáceas)

c. Melcoratge de bosc e. Merkuriar iranunkor g. Mercurial f. Mercuriale perenne it. Mercorella i. Dog's mercury a. Wald-Bingelkraut

a 15–30 cm   abr.-mayo   vivaz   ☠

Hábitat *Bosques herbosos. Sobre suelos húmedos. Europa, SO de Asia.*

> ***indicadora de aguas freáticas***
> ***flores masculinas y femeninas en plantas diferentes***

Era conocida ya en los s. IV-V como diurética y laxante. En la medicina mágica medieval favorecía la procreación de descendencia masculina. Era también un remedio para todas las enfermedades provocadas por hechizos. Debido a su toxicidad no desempeña ningún papel en la medicina oficial ni en la popular. La homeopatía receta *M. annua* para el reuma.

¿Lo sabía?

El nombre científico del género se refiere al dios romano Mercurio, que conocía las propiedades de la planta. Entre los germanos estaba consagrada a Wotan. Para hacer un encantamiento se tenía que desenterrar la hierba el día de este dios (miércoles).

Parietaria, albahaquilla

Parietaria officinalis (Urticáceas)

c. Morella roquera e. Horma belarra p. Alfavaca-de-cobra f. Pariétaire officinale it. Parietaria i. Pellitory on the wall a. Aufrechtes Glaskraut

a 30–100 cm jun.-oct. vivaz

Mientras que la medicina popular la usa desde hace tiempo, en fitoterapia no tiene una gran importancia. La infusión es diurética y se toma sobre todo contra las dolencias renales, y también contra el reuma y las inflamaciones del aparato urinario. Con la hierba se limpiaban los cristales (de ahí el nombre popular de "vidriola").

Hábitat *Bosques de ribera, matorrales ribereños, muros, escombreras. Sobre suelos húmedos, ricos en nutrientes. Zona mediterránea y C de Europa.*

- > ***como una ortiga, pero sin pelos urticantes***
- > ***hojas estrechadas por ambos extremos***
- > ***glomérulos de flores en las axilas foliares***

Zaragatona

Psyllium afrum (Plantagináceas)

c. Herba pucera p. Erva-pulgueira f. Herbe aux puces it. Piantaggine pulicaria i. Black psyllium a. Schwarzer Flohsamen

a 10–40 cm abr.-jul. anual

Las cubiertas de las semillas se hinchan con el agua superando con mucho el tamaño original, lo cual hace de ellas un laxante suave que actúa aumentando de volumen. En caso de hemorroides dolorosas se recomiendan las cubiertas seminales secas para reblandecer las heces y darles consistencia en las diarreas acuosas.

Hábitat *Campos, arcenes, garrigas. Zona mediterránea, SO de Asia.*

- > ***plantada con fines comerciales en Francia***
- > ***planta con pelos glandulares***

Ricino, higuera infernal

Ricinus communis (Euforbiáceas)

c. Ricí e. Akain-belar g./p. Figueira do inferno f. Ricin it. Ricino i. Castor oil plant a. Rizinus

a 50–500 cm febr.-sept. anual-bienal o vivaz ☠

Hábitat *Originaria del África tropical, asilvestrada en la zona mediterránea, en jardines en el C de Europa.*

> ***inflorescencia alta, con flores masculinas por debajo y femeninas por arriba***
> ***hojas palmadas***

flores femeninas con estigmas rojos

En sus semillas se halla una proteína mortal que tiene que eliminarse mediante un tratamiento. El aceite de ricino es un fuerte purgante conocido ya por los egipcios (tumbas y escritos). En los herbarios europeos se conoce desde el s. XVI

hoja profundamente hendida

Trigo candeal

Triticum aestivum (Poáceas)

c. Blat e. Gari g./p. Trigo f. Blé it. Frumento i. Wheat a. Saat-Weizen

a 50–160 cm jun. anual

Hábitat *Cereal plantado en todo el mundo; se desconoce el lugar de origen.*

> ***raíces de 1 m de profundidad***
> ***espículas con aristas muy cortas o ausentes***

espiga generalmente con 4 carreras

La fécula que se obtiene de los granos se usa como excipiente en la preparación de productos (polvos, pastas, tabletas). El preciado aceite de germen de trigo contiene ácidos grasos poliinsaturados y vitamina E. El salvado o afrecho de trigo añadido al baño alivia enfermedades cutáneas con prurito y exudaciones, y comido proporciona fibra.

base foliar con aurículas

Ortiga mayor

Urtica dioica (Urticáceas)

c. Ortiga gran e. Asun handi g. Estruga p. Urtiga-maior f. Ortie brûlante it. Ortica maschio i. Stinging nettle a. Grosse Brennessel

a 30–150 cm jul.-oct. vivaz

Hábitat *Arcenes, escombreras, zanjas, márgenes de bosques. Hemisferio norte.*

> ***indicadora de nitrógeno***
> ***tallos cuadrangulares***
> ***flores en plantas diferentes***

En los herbarios históricos se conoce, generalmente, como un remedio contra la hidropesía. La medicina popular la usa más tarde contra reuma, gota, parálisis y enfermedades cutáneas. De hecho, las sustancias activas de las hojas son diuréticas. Por eso, la fitoterapia moderna receta el la infusión ortiga para inflamaciones del aparato urinario. No debe usarse en caso de edema o enfermedades cardíacas o renales.

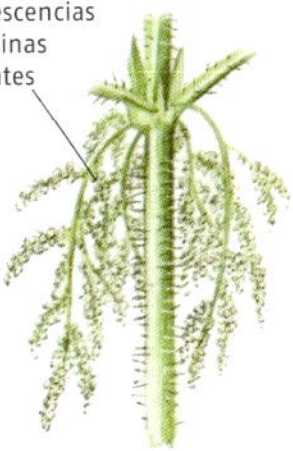

Consejo de salud

Infusión para prevenir cálculos en la vejiga: se vierte agua hirviendo en 3–4 cucharaditas por taza y se cuela pasados 10 minutos. Se toman 3–4 tazas recién preparadas.

Helecho macho

Dryopteris filix-mas (Polipodiáceas)

c. Falguera mascle e. Iratze arra g./p. Feto macho f. Fougère mâle it. Felce maschio i. Male fern a. Gewöhnlicher Wurmfarn

a 30–120 cm vivaz ☠

Hábitat *Bosques umbríos. Sobre suelos húmedos. Europa, Asia, América.*

> ***frondes verdes en invierno, en rosetas***
> ***folíolos con margen redondeado y hendido***
> ***esporangios ocultos bajo una cubierta arriñonada***

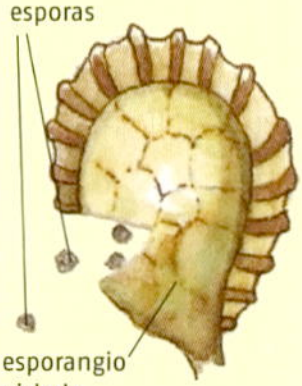

Ya en la Antigüedad sabían los médicos herboristas que con el rizoma se paralizaban las tenias y que podían eliminarse definitivamente con un laxante. Esta técnica se usó hasta los tiempos de Federico el Grande de Prusia. El problema era que, con este tratamiento, el paciente perdía la vista por sobredosis o se moría. La homeopatía receta el rizoma para los trastornos de la vista, y la medicina antroposófica, para los trastornos digestivos.

¿Lo sabía?

En la Edad Media se buscaban las "semillas de helechos". Al parecer se tenía que hacer primero un pacto con el diablo para poder encontrarlas. Quien poseía las semillas tenía siempre bastante oro y podía hacerse invisible.

Polipodio, helecho dulce

Polypodium vulgare (Polipodiáceas)

c. Polipodi e. Garoiska g./p. Daurada f. Polypode de chêne it. Felce dolce i. Adder's fern a. Gewöhnlicher Tüpfelfarn

a 10–40 cm vivaz ☠

El nombre de "helecho dulce" se refiere a la osladina, una saponina 3000 veces más dulce que el azúcar. La droga sólo la utiliza la medicina popular como mucolítico y laxante suave. Antes se usaba la raíz para tratar problemas del bazo y los pulmones.

Hábitat *Corteza de árboles, muros y rocas sombreadas. Generalmente sobre suelos pobres en cal. Europa, Asia, América.*

> ***frondes verdes en verano, solitarias***
>
> ***esporangios amarillentos***

Licopodio

Lycopodium clavatum (Licopodiáceas)

c. Licopodi g./p. Licopódio da estrella f. Lycopode en massue it. Licopodio i. Common clubmoss a. Keulen-Bärlapp

a 5–30 cm vivaz ☠

Las esporas, finas como el polvo, se esparcían sobre las píldoras para que no se pegaran entre sí y también eran útiles como vulnerarias y lubricantes. La medicina popular usaba toda la hierba como diurético, pero la presencia de alcaloides tóxicos desaconseja su uso en la actualidad.

Hábitat *Brezales con arbustos enanos, pantanos, bosques de coníferas. Sobre suelos ácidos. Hemisferio norte.*

> ***vástagos ampliamente rastreros, apenas ramificados***
>
> ***hojas dispuestas en espiral***

Cola de caballo

Equisetum arvense (Equisetáceas)

c. Cua de cavall petita e. Azeribuztana g./p. Pinheira f. Prêle des champs it. Coda di cavallo i. Horsetail a. Acker-Schachtelhalm

a 20–50 cm vivaz

Hábitat *Campos, arcenes, entre malas hierbas, bosques. Sobre suelos húmedos, ricos en nutrientes. Hemisferio norte.*

> ***vástagos esporíferos pardos en primavera***
> ***vástagos estériles verdes en verano***
> ***en E. palustre, que es venenoso, los vástagos estériles y esporíferos son igual de verdes***

En las paredes celulares se acumula ácido silícico, que hace que sea muy resistente mecánicamente. Antes se utilizaba para pulir el cinc. La hierba seca se usa desde la Antigüedad como diurética y vulneraria. Con frecuencia se receta actualmente en irrigaciones para las inflamaciones del aparato urinario o de la garganta en gargarismos. La medicina popular lo usa contra el reuma.

Consejo de salud

Cataplasma para los dolores reumáticos: se vierte 1 litro de agua hirviendo sobre 3–5 cucharadas de la droga y se deja reposar 1 hora; luego se cuela. En baños parciales o en cataplasmas empapadas.

Liquen de Islandia

Cetraria islandica (Líquenes)

c. Liquen d'Islàndia f. Lichen d'Islande it. Lichene islandico i. Iceland moss a. Isländiches Moos

a 10 cm talo

Es un liquen cuyas propiedades medicinales descubrieron primero los islandeses. Contiene mucílagos y ácido liquénico. En primer lugar alivia los dolores en las toses irritativas y la garganta inflamada y, en segundo, es antibiótico. La medicina popular receta la infusión como digestivo.

Hábitat *Latitudes árticas y montañas altas de ambos hemisferios.*

> ***el talo brota del suelo***
> ***margen de los lóbulos con cerdas***
> ***el color verde lo debe a las algas que alberga***

243

Musgo de Irlanda

Chondrus crispus (Rodofíceas)

c. Carragahen p. Botelho crespo f. Mousse d'Irlande i. Irish moss a. Irländiches Moos

a 5-20 cm talo

Se trata de un alga roja. Se seca y se aísla el mucílago que contiene la carragina o el carragenano. Antes se usaba toda el alga en caso de tos, inflamación de las mucosas o diarrea, pero actualmente sólo se usa la carragina. No se digiere y sirve de agente espesante en la industria alimentaria, cosmética y farmacéutica.

Hábitat *Costas rocosas del Atlántico, crece justo por debajo del límite del agua.*

> ***talo de rojo violeta a verdoso***
> ***se fija con un disco adhesivo a las rocas***

Fucus, sargazo vesiculoso

Fucus vesiculosus (Algas pardas)

c. Fucus e. Gorrbel g. Carballa p. Carvalho marino f. Varech vésiculeux it. Quercia marina i. Bladder wrack a. Blasentang

a 10–80 cm talo

Hábitat *Rocas de la zona mareal. Costa atlántica, Mar Báltico y del Norte.*

> ***a menudo arrojada a la orilla***
>
> ***talo de oliva a pardo amarillo, bifurcado***

Aparece en algunos lugares costeros en tan grandes cantidades que se cosecha y se usa como forrajera y abono. El componente principal del alga es el yodo marino, que estimula el funcionamiento de la tiroides y que, por eso, lo recetan los médicos para el hipotiroidismo. Como el contenido de yodo es variable y se conocen efectos secundarios, el alga se ha sustituido por productos mejores.

¿Lo sabía?

Con la moda del bienestar (wellness), *ha aumentado la importancia que se da a la talasoterapia. Del fucus y otras algas se hacen cremas y mascarillas para el* peeling, *productos adelgazantes y otros preparados de belleza y bienestar.*

Laminaria digitata

Laminaria digitata (Feofíceas)
c. Laminària a. Fingertang

a. h. 150 cm talo

En la antigua cirugía se introducían los cabillos en el canal de las heridas, pues el alga se hincha de agua y lo ensancha. Actualmente proporciona materia prima. El ácido es indigerible y un agente espesante muy hinchable. Se deposita en las paredes del estómago y es un remedio para los ardores o pirosis. Además, es adelgazante.

Hábitat *Costas rocosas de h. 6 m de profundidad. N del Atlántico y Mar del Norte.*

> ***firmemente fijada a las rocas con su órgano adhesivo***
> ***talo de amarillo a pardo oliva***

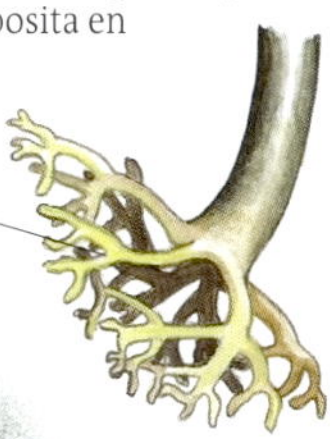

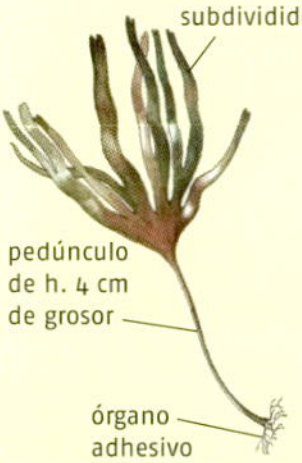

Pulmonaria arbórea

Lobaria pulmonaria (Líquenes)
c. Herba freixuxera f. Lichen poumon i. Lungwort a. Lungenflechte

a 10-40 cm talo

La medicina popular, basándose tal vez en su aspecto y siguiendo la teoría de la signatura, lo usó para tratar los pulmones. También se recetó para las heridas, las úlceras y la bronquitis. Actualmente lo usa exclusivamente la homeopatía en casos de toses irritativas y enfermedades de las vías respiratorias altas y bajas.

Hábitat *Sobre cortezas, bosques de montañas con mucha humedad atmosférica.*

> ***talo con hojas grandes***
> ***parte inferior con fieltro claro***

Índice alfabético

Índice alfabético

Ilustraciones
Golte-Bechtle/Kosmos (324); **Haag/Kosmos** (58); **Hofmann/Kosmos** (172); **Kohnle/Kosmos** (121); **Söllner/Kosmos** (7); **Spohn/Kosmos** (113)

Fotografías
Albers/Hecker 28L, 41L, 44oL, 47L, 57oL, 64oL, 102oL, 106H, 127uL, 134oL, 137uH, 139uL, 159L, 165L, 182L, 185uH, 188L, 204oH, Hassler 54oL, 60uL, 76oL, 79oL, 136uL; **Hecker** 18H, 18L, 19oH, 19uH, 19oL, 19uL, 21uH, 21uL, 22Z, 23uH, 23uL, 24H, 24Z, 25oH, 25uH, 25oL, 26H, 27uH, 27oL, 27uL, 28H, 29oH, 30H, 31oH, 31uH, 31uL, 32H, 32L, 33oH, 33uH, 33uL, 35uH, 35uL, 36H, 36L, 36Z, 37H, 37L, 38uH, 39H, 40oH, 40uH, 40oL, 41H, 42oH, 43H, 44uH, 44uL, 45H, 45L, 46uH, 46uL, 47H, 48uL, 49H, 50H, 50L, 51oL, 52oH, 52oL, 52uL, 53H, 53L, 56H, 56L, 57oH, 59oH, 59oL, 60oL, 62H, 62L, 63L, 64uL, 65Z, 66H, 66L, 67oH, 67uH, 67oL, 67uL, 68oH, 68oL, 69oH, 69uH, 69oL, 69uL, 70H, 70L, 71oL, 72oH, 72uL, 73H, 73L, 75H, 75L, 77oL, 78H, 79uH, 80H, 80L, 81oH, 81oL, 82H, 82L, 85H, 85L, 86uH, 87H, 90H, 90L, 91L, 92L, 93oH, 93oL, 93uL, 93oZ, 96uH, 96uL, 97oH, 97oL, 98H, 98L, 99oH, 99uH, 99uL, 100oL, 101H, 101L, 102oH, 103uH, 103uL, 105uH, 107H, 107L, 108uH, 108oL, 108uL, 109H, 110H, 110L, 111uH, 111uL, 112H, 113oH, 113uH, 114H, 114L, 117oH, 117oL, 118oH, 118oL, 119H, 119L, 120oH, 121oH, 121oL, 122H, 122L, 123oH, 123uH, 123uL, 124oH, 125H, 125L, 129H, 129L, 130oH, 131uL, 137oH, 139uH, 140oH, 140uH, 140oL, 140uL, 142uL, 145oH, 145oL, 145uL, 147H, 147L, 148uH, 148uL, 149H, 151uH, 152L, 154H, 154L, 155uH, 156uH, 156uL, 157H, 157L, 158uH, 158uL, 160uH, 160uL, 161oH, 161uH, 161uL, 162H, 162L, 163H, 166uH, 166oL, 166uL, 167uH, 167uL, 168H, 168L, 168Z, 169oH, 169uL, 172H, 173uH, 173oL, 173uL, 174oH, 174oL, 175H, 175L, 176oL, 177uH, 178L, 180uH, 183uH, 183uL, 184oH, 184uH, 185oH, 186H, 189H, 190uH, 190oL, 191uH, 191uL, 193uH, 193uL, 194oH, 195oH, 195oL, 196H, 196L, 197oH, 197oL, 197uL, 198Z, 198H, 198L, 199oH, 199uH, 199uL, 200H, 200L, 201H, 202oH, 202uH, 203uH, 203oL, 203uL, 204oL, 205uH, 206H, 206L, 207oH, 207uH, 208oL, 208uL, 209H, 209L, 210H, 210L, 212uH, 212uL, 213H, 213L, 214uH, 215H, 216H, 217oH, 217uH, 217uL, 218H, 219oH, 219oL, 221uH, 221uL, 222H, 222L, 223oH, 223uH, 224H, 225H, 226uZ, 226oH, 226uH, 226oL, 226uL, 228H, 230uL, 234oH, 234oL, 235H, 236H, 236L, 238oH, 239H, 239L, 240L, 241oH, 241uH, 241uL, 242H, 242L, 243uL, 244L; **Helm/Hecker** 181L; **König** 20H, 21oH, 22H, 25uL, 29uL, 35oL, 48oL, 54uH, 72oL, 77uH, 77uL, 79uL, 83oH, 83oL, 84H, 84L, 86uL, 89L, 89L, 96oL, 105uL, 108oH, 113oL, 115oH, 115uH, 115oL, 115uL, 118uL, 121uH, 128oL, 131oL, 132uL, 139oL, 146uH, 153oH, 155uL, 158oH, 161oL, 164uL, 169oL, 174uH, 179oH, 180uL, 184uL, 188H, 194oL, 194uL, 204uL, 212oH, 214oH, 220L, 223uL, 229H, 230oL, 232oL, 233L, 234uL, 237uL, 238oL, 243uH, 245oL; **Lange/Hecker** 22L, 54uL; **Laux** 24L, 31oL, 40uL, 46oL, 57uL, 61uL, 88L, 112L, 116L, 124oL, 127oL, 133L, 134oH, 137uL, 141L, 148oL, 151uL, 153oL, 160oH, 164oH, 165H, 176uH, 181H, 182H, 183oZ, 185oL, 187oH, 189L, 192L, 201L, 207oL, 211L, 218L, 221oL, 225L, 238uH, 245uH; **Mertz/Hecker** 42oL, 124uL, 199oL, 215L; **Reinhard-Tierfoto, Hans Reinhard Heilgkreuzsteinach-Eiterbach** 21oL, 42uL, 51uL, 86oL, 135L, 151oL, 184oL, 232uL; **Rühlemann** 96oH; **Sauer/Hecker** 26L, 27oH, 29uH, 30L, 34H, 35oH, 44oH, 46oH, 48oH, 48uH, 50Z, 52uH, 55H, 60oH, 61oH, 63H, 64uH, 65H, 68uH, 71oH, 72uH, 81uH, 83uH, 83uL, 89H, 89H, 91H, 92H, 93uH, 94H, 95H, 102uH, 103oH, 106L, 124uH, 126oH, 127uH, 128uH, 130uH, 133H, 135H, 136oH, 136uH, 142oH, 144H, 144L, 145uH, 148oH, 150uH, 150uL, 152H, 153uH, 155oH, 155oL, 159H, 163Z, 164uH, 171oH, 174uL, 176oH, 177uL, 179uH, 180oH, 180oL, 190oH, 191oL, 192H, 194uH, 204uH, 208oH, 208uH, 219uL, 220H, 227oH, 227oZ, 234uH, 240H, 244H, 245oH; **Schönfelder** 20L, 23oH, 23oL, 38oH, 51oH, 51uH, 54oH, 57uH, 59uL, 60uH, 61oL, 64oH, 69uZ, 71uL, 74H, 74L, 76oH, 76uH, 76uL, 77oH, 79oH, 81uL, 88H, 94L, 97uH, 100oH, 100uH, 102uL, 104H, 105oH, 111oH, 120uH, 120oL, 120uL, 123oL, 127oH, 128oH, 130uL, 131uH, 132oH, 136oL, 138H, 138L, 139oH, 142uH, 142oL, 143H, 146uL, 149L, 150oH, 150oL, 153uL, 156oL, 160oL, 166oH, 170H, 172L, 173oH, 177oH, 187oL, 191oH, 193oH, 195uH, 197uH, 202uL, 203oH, 205oL, 207uL, 230oH, 230uH, 232oH, 232uH, 233H, 237oH, 237uH; **Spohn** 29oL, 33oL, 34L, 38oL, 38uL, 39L, 42uH, 43L, 49L, 55L, 58H, 58L, 59uH, 61uH, 65L, 68uL, 71uH, 78L, 86oH, 87L, 95L, 97uL, 99oL, 100uL, 103oL, 104L, 105oL, 109L, 111oL, 113uL, 116H, 117uH, 117uL, 118uH, 121uL, 126uH, 126oL, 126uL, 128uL, 130oL, 131oH, 132uH, 132oL, 134uH, 134uL, 137oL, 141H, 143L, 146oH, 146oL, 151oH, 156oH, 158oL, 160oZ, 163L, 164oL, 167oH, 167oL, 169uH, 170L, 171uH, 171oL, 171uL, 176uL, 177oL, 178H, 179oL, 179uL, 183oH, 183oL, 186L, 187uH, 187uL, 190uL, 193oL, 195uL, 202oL, 205oH, 205uL, 211H, 212oL, 214oL, 214uL, 216L, 217oL, 219uH, 221oH, 223oL, 224L, 227uH, 227oL, 227uL, 228L, 229L, 231H, 231L, 235L, 237oL, 238uL, 241oL, 243oH, 243oL, 245uL; **Wagner** 185uL

H = motivo principal, L = hábitat, Z = detalles adicionales, u = abajo, o = arriba

El autor

El doctor Wolfgang Hensel ha estudiado Biología y Geografía en la Universidad de Bonn. No se ha dedicado a la enseñanza como profesión tal como tenía planeado, sino que se ha consagrado a la investigación en Biología. Tras el doctorado, la capacitación y la docencia en las universidades de Bonn, Münster y Colonia, cambió una vez más de objetivos. Desde entonces ha ampliado sus actividades con libros, artículos y traducciones. Ha redactado muchos libros de plantas medicinales.

La obra

Contiene 1505 fotografías e ilustraciones (v. procedencia de las ilustraciones, p. 255).

La fotografía de la p. 2 muestra a una dedalera. Las de la p. 3 presentan, de arriba a abajo: amapolas, fresales, verónicas, adonis de primavera y un abedul. En las páginas 16-17 aparece una fotografía con

La fotografía de la cubierta muestra una equinácea y es de Reinhard-Tierfoto/Hans Reinhard.

La edición original de esta obra ha sido publicada en alemán por Franckh-Kosmos Verlags-GmbH & Co. KG, Stuttgart, Alemania, con el título

WELCHE HEILPFLANZE IST DAS?

Traducción
M.ª Jesús Fortes Fortes

Tercera reimpresión: 2022

Cualquier forma de reproducción, distribución, comunicación pública o transformación de esta obra solo puede realizarse con la autorización escrita de los titulares del "Copyright".

© 2007, Franckh-Kosmos Verlags-GmbH & Co. KG, Stuttgart
y para la edición española
© 2008, Ediciones Omega, S.A.
Plató, 26 - 08006 Barcelona
www.ediciones-omega.es

Edición española producida por
Ciurana Disseny. Barcelona. Spain.

ISBN 978-84-282-1479-7

FSC
www.fsc.org
MIXTO
Papel procedente de fuentes responsables
FSC® C023164